主　编　邱　秋
副主编　王　腾　罗文君

2018-2019 Annual Report of
Hubei Water Resources Sustainable Development

湖北水资源
可持续发展报告 (2018—2019)

科学出版社
北　京

内 容 简 介

本书聚焦湖北省水资源发展、立法保护，收录湖北水事研究中心研究人员和相关合作单位工作人员完成的研究成果。全书包括总报告、特别关注、深度分析、政策评估、立法论证、立法评估、域外流域立法发展、社会调研八大版块，并附录2018～2019年湖北省水资源可持续利用大事记。

本书适合高等院校、研究院所、政府管理部门涉水资源管理研究与实务的工作者阅读参考。

图书在版编目（CIP）数据

湖北水资源可持续发展报告.2018—2019/邱秋主编.—北京：科学出版社，
2021.2
　　ISBN 978-7-03-068091-4

　　Ⅰ.①湖…　Ⅱ.①邱…　Ⅲ.①水资源利用-可持续性发展-研究报告-湖北-2018—2019　Ⅳ.①TV213.9

中国版本图书馆 CIP 数据核字（2021）第 030500 号

责任编辑：刘　畅/责任校对：高　嵘
责任印制：彭　超/封面设计：苏　波

科 学 出 版 社 出版
北京东黄城根北街 16 号
邮政编码：100717
http://www.sciencep.com

武汉市首壹印务有限公司印刷
科学出版社发行　各地新华书店经销
*
开本：787×1092　1/16
2021 年 2 月第 一 版　　印张：11 3/4
2021 年 2 月第一次印刷　　字数：276 000
定价：88.00 元
（如有印装质量问题，我社负责调换）

以高质量流域立法，
保障长江经济带高质量发展（代序）

2018 年 4 月 26 日，在长江中游重镇武汉，习近平总书记主持召开了深入推动长江经济带发展座谈会，明确提出"实施长江经济带发展战略要加大力度"，"我国经济已由高速增长阶段转向高质量发展阶段。新形势下，推动长江经济带发展，关键是要正确把握整体推进和重点突破、生态环境保护和经济发展、总体谋划和久久为功、破除旧动能和培育新动能、自身发展和协同发展等关系，坚持新发展理念，坚持稳中求进工作总基调，加强改革创新、战略统筹、规划引导，使长江经济带成为引领我国经济高质量发展的生力军"。长江经济带建设进入到高质量发展的新阶段。

习近平总书记强调，"治好'长江病'，要科学运用中医整体观，追根溯源、诊断病因、找准病根、分类施策、系统治疗。这要作为长江经济带共抓大保护、不搞大开发的先手棋。"2018 年，长江经济带地区生产总值约为 40.3 万亿元，占全国的 44.1%；2019 年，上升至 45.78 万亿元左右，占全国的 46.2%。仅一年时间，在 2019 年全国经济增速全面回落至 6.1%的大背景下，长江经济带的经济总量占全国的比例，上升了超过 2 个百分点，增长十分突出。其中，湖北省对长江经济带经济总量的贡献超过 10%，是长江中游唯一一对长江经济带经济总量贡献超过 10%的省份。

长江经济带高质量发展，离不开长江流域生态系统的支撑。流域由基于水文循环的自然生态系统，以及基于水资源开发利用而形成的社会经济系统共同组成，是一个自然人文复合生态系统。长江流域以水为纽带形成的丰富的资源环境要素、可持续的生态环境和可承载的自然资源，是我国重要的生态安全屏障，也是长江经济带发展的重要依托和支撑。长江是中华民族的母亲河，长江流域是我国最大的流域，承载着 4 亿多人的生存发展，战略地位十分突出，流域开发利用和保护的问题也特别突出。深化流域治理，从生态系统整体性和长江流域系统性出发，遵循山水林田湖草是一个生命共同体的理念，才能真正实现长江经济带可持续的高质量发展。生态系统的完整性、环境介质的流动性及自然资源的公共属性，决定了环境治理必须打破传统行政区划的界限，以流域、生态功能区或生态系统为单位等进行统一的管理。立法保障流域治理是世界各国面临的共同问题和挑战，也是深化流域治理、推进长江经济带高质量发展的重要抓手。

流域生态系统具有高度整体性和相互关联的自然特点，决定了流域管理的综合性，以及对生态系统整体性规律的遵循。但是，长期以来，我国在水事立法中已经形成了水资源、水环境与水生态相分割，水资源开发、利用与保护较难实现综合决策的既有格局，长江流域亦饱受水事立法的割裂之痛。

调整长江流域的水事法律法规众多：在国家法律层面主要有"涉水"四法，即《中华人民共和国水法》《中华人民共和国水污染防治法》《中华人民共和国防洪法》《中华人民共和国水土保持法》，国务院层面有单项法规《长江河道采砂管理条例》，在部委层面制定了《长江干线水上交通安全管理特别规定》；在长江流域层面有水利部长江水利委员会制定的《长江流域省际水事纠纷预防和处理实施办法》等，在长江的子流域层面有《太湖流域管理条例》等，长江流域所在各省（自治区、直辖市）还制定了大量的地方水事法规。不同层级、不同内容和不同指向的水事法律法规共同指向长江时，仍然未能管好长江，根本原因在于，长江的开发、利用和保护尚处于分割状态，这些法律法规对长江流域的管理均是碎片化的，导致长江保护所需要的上下游、左右岸，以及水资源、水环境和水生态的整体性难以得到保障，甚至还存在诸多的法律法规冲突、重叠和立法空白，难以形成流域治理的合力。中央生态环境保护督察组所反映的长江流域水生态系统碎片化导致的水污染问题，如江汉平原水网密布，但上下游各自为政，建设各类涵闸，水坝上万座，水系长期被人为割断，水资源、水污染纠纷不断，则是现行碎片式立法的典型"后遗症"之一。

长江流域是世界水资源开发、调度频率和强度最高的流域之一，居民对生态资源的生存依赖度极高。因此，在长江流域实现"生态优先，绿色发展"面临巨大的挑战。一方面，长江是我国重要的生态宝库，生态安全不仅是长江流域经济社会发展最根本的基石，也是中华民族生存发展的重要支撑；另一方面，随着国家"一带一路"倡议和长江经济带建设的实施，长江流域的功能日趋复杂，"黄金水道"与生态保护之间的竞争加剧，利益冲突不断升级。长江航运货运量居全球内河第一，依托"黄金水道"，推动长江经济带发展是党中央作出的重大决策，是关系国家发展全局的重大战略。长江经济带覆盖长江流域的11省（直辖市），是长江流域最发达的地区，也是全国高密度的经济走廊之一，早在1995年，其人口密度、经济密度和人均GDP就分别为沿江9省（直辖市）的1.6倍、2.3倍、1.4倍，是全国平均水平的4.5倍、6.2倍和1.4倍，是我国综合实力最强、战略支撑作用最大的区域之一。因碎片化而缺少合力的现行水事立法，较难支撑流域"生态优先，绿色发展"的急迫需求。据包存宽等统计，"十一五""十二五"长江经济带生态文明建设绩效整体下降。2018年6月，审计署对长江经济带11省（直辖市）"2016～2017年生态环境保护相关政策措施落实和资金管理使用情况"的审计结果也表明，在中央"共抓大保护、不搞大开发"的要求下，生态环境保护工作取得了一些成效，但也存在以小水电过度开发为特征的开发管控不到位，生态修复未达预期，污染治理还存在薄弱环节，以及生态治理资金大量结余等问题。

随着以《长江保护法》为代表的流域立法正在迅速进入国家和地方立法程序，长江流域立法研究的重点已逐步从为流域立法的必要性转向如何为流域立法。国际经验、国家立法与地方法规的发展，从不同的层面为如何进行长江流域立法提供了生动的样本和有益的探索。

在国际层面，现代流域立法的发展变迁为以长江为代表的流域立法提供了良好的借鉴。20 世纪以来，在科技进步、流域管理理念和流域经济的推动下，流域空间在法律上成为独立的水资源管理单元，标志着现代流域立法的产生。20 世纪 60 年代以来，现代流域立法逐步综合化，从地方分散立法为主走向中央统一立法，从单项立法走向综合立法；综合化不仅是对"碎片化"的流域单项立法和地方立法进行整合的立法技术，更是法律对现代流域空间扩张的调整与适应。现代流域立法主要有普遍性流域立法和流域特别立法两种模式，各国在选择流域立法模式时，政治制度、自然地理、经济社会、流域功能和流域问题的特殊性，是决定是否制定流域特别法的主要因素。这些域外流域立法的宝贵经验，为我们如何制定不同层面的长江流域立法提供了从基础理论到具体制度体系的系统经验。

在国家层面，以流域为单位的长江立法开始从理念走向立法实践。20 世纪 90 年代初，水利部及其长江水利委员会就开始着手研究关于长江保护的流域立法问题。30 年来，在学术界和实务界的不懈努力下，对长江流域立法的法理基础乃至条文起草开展了广泛的研究，这些积累与成果为长江流域立法从理念走向立法实践提供了良好的前期基础。随着长江流域生态保护问题的日益突出，社会各界、全国人大代表和全国政协委员关于在新的时代背景下，为保护长江立法的呼声已是一浪高过一浪。特别是随着长江经济带的高速发展，三峡工程、南水北调、西电东送等重大工程的实施和运行，长江的保护、开发和利用成为关系国家发展全局的重大战略，长江的重要性、复杂性和特殊性日益深入人心。长江流域立法的条件和时机逐步成熟。2018 年，《长江保护法》被列入十三届全国人民代表大会常务委员会立法规划的一类立法项目并进入 2019 年立法计划，标志着长江保护立法已从蓝图走向现实。《长江保护法》是我国首次以国家法律的形式为特定的河流流域立法，是一项开创性的水事立法。但是，这部开创性的立法如何处理其在整个法律体系中的定位，如何"有所为有所不为"，如何为我国的流域立法赋予灵魂与骨血，还存在一些争议，尚需深入研究形成共识。

在湖北地方层面，20 世纪 90 年代以来，水资源大省湖北已逐步建立了较为完整的水事法规制定体系，先后通过了《湖北省实施〈中华人民共和国水法〉办法》《湖北省实施〈中华人民共和国水土保持法〉办法》《湖北省实施〈中华人民共和国防洪法〉办法》《湖北省汉江流域水污染防治条例》《湖北省水库管理办法》《湖北省湖泊保护条例》《湖北省水污染防治条例》等地方法规，为做好湖北水文章提供了法律依据。但是，这些湖北地方水事立法仍然沿袭了国家层面"碎片化"立法的水事立法模式。随着流域立法理念深入人心，以及国家层面的《长江保护法》走向立法实践，湖北省地方立法也在流域立法理念下，开展了新一轮的水事立法制定和修改。一方面，在审慎评估既有立法的法律实效基础上，通过对既有水事立法的修改，吸纳了更多的流域因素；另一方面，积极开展对特定流域的专门立法，清江流域、汉江流域、孝感市府澴河流域等流域特别立法，为如何在子流域层面增强流域立法提供了有益探索。

我们期待高质量的流域立法为长江经济带高质量发展提供坚实的法治保障。

邱　秋

2020 年 7 月 14 日于汀兰苑

目　　录

以高质量流域立法，保障长江经济带高质量发展（代序）

总报告：长江大保护 ·· 1

建立"绿色发展"的法律机制：长江大保护的"中医"方案 ·················· 3

特别关注：长江立法 ··· 17

流域法治何以可能：长江流域空间法治化的逻辑与展开 ·················· 19

多元共治视阈下的三峡清漂长效机制研究 ···································· 28

论长江流域政府间事权的立法配置 ·· 39

深度分析：汉江流域 ··· 49

湖北汉江流域水污染防治对策研究 ·· 51

湖北汉江流域水生态系统碎片化治理对策研究 ······························ 64

湖北省汉江流域不达标断面问题研究报告 ···································· 73

湖北汉江流域集中式饮用水水源地保护问题研究 ······························ 79

湖北汉江流域工业集聚区水污染防治调研报告 ······························ 83

湖北汉江流域规模化畜禽养殖污染问题研究报告 ······························ 88

政策评估 ··· 95

精准扶贫视角下水库移民扶贫困境与对策研究 ······························ 97

立法论证 ·· 103

《孝感市府澴河流域保护条例》立法论证报告 ······················· 105

《湖北省汉江流域水污染防治条例》修订的重点问题与对策分析 ········ 120

立法评估 ·· 129

《湖北省湖泊保护条例》实施五周年立法文本质量后评估 ·············· 131

域外流域立法发展 ·· 141

域外流域立法的发展变迁及其对长江保护立法的启示 ················ 143

社会调研：水情教育调查 ··· 153

湖北水情教育效率提升路径探索
　　——基于湖北大同水库水情教育基地的调查 ······················· 155

附录：2018～2019年湖北省水资源可持续利用大事记 ············· 163

湖北省人民政府推进建立健全生态保护补偿机制 ······················ 165

习近平在武汉主持召开深入推动长江经济带发展座谈会并发表重要讲话 ··· 166

湖北省人民政府推进湖北长江大保护十大标志性战役 ················· 167

湖北省人民政府发布《湖北省湖泊保护与管理白皮书（2017年度）》 ····· 168

湖北省人民政府决定实施湖北长江经济带绿色发展十大战略性举措 ····· 169

《湖北省河道采砂管理条例》颁布实施 ································· 170

湖北省印发实施《湖北省全面推行河湖长制实施方案（2018—2020年）》 ·· 171

湖北省开展碧水保卫战"示范建设行动" ································ 172

湖北省颁布《湖北省清江流域水生态环境保护条例》 ················· 173

湖北省制定《汉江生态经济带发展规划湖北省实施方案（2019—2021年）》 · 174

湖北省水利厅、省发改委联合印发《湖北省节水行动实施方案》 ······· 175

《湖北省人民代表大会常务委员会关于集中修改、废止部分省本级地方性法规的决定》
　　中有关涉水方面的内容 ·· 176

总报告

长江大保护

长江发源于世界屋脊，支流辐辏南北，奔流不息，自西向东汇入东海。作为中华民族的母亲河，她不仅滋养了中国的广袤土地，更孕育了悠久璀璨的华夏文明。近现代以来，由于受不合理的生产生活方式的影响，长江经济带成为我国水环境问题最为突出的地区之一。习近平总书记曾痛心地形容长江"病了，病得不轻了"。2016 年 1 月，习近平总书记在重庆召开的推动长江经济带发展座谈会上强调："当前和今后相当长一个时期，要把修复长江生态环境摆在压倒性位置，共抓大保护，不搞大开发。"由此，"长江大保护"成为基于依托长江建设中国经济新支撑带的国家发展战略而提出的亟须完成的一项严峻的任务。因此，构建符合长江流域保护与发展实际的综合法律机制，探索实现治疗"长江病"的诊疗方案，应是当前与今后一段时间开展"长江大保护"的重点工作之一。

建立"绿色发展"的法律机制：
长江大保护的"中医"方案[*]

吕忠梅

2018 年 4 月 28 日，习近平总书记在深入推动长江经济带发展座谈会上的重要讲话中指出："我讲过'长江病了'，而且病得还不轻。治好'长江病'，要科学运用中医整体观，追根溯源、诊断病因、找准病根、分类施策、系统治疗。这要作为长江经济带共抓大保护、不搞大开发的先手棋"[1]。并明确要求在对母亲河做一次大体检的基础上，研究提出从源头上系统开展生态环境修复和保护的整体预案和行动方案，然后分类施策、重点突破，通过祛风驱寒、舒筋活血、调理脏腑、通络经脉，力求药到病除；要按照主体功能区定位，明确优化开发、重点开发、限制开发、禁止开发的空间管控单元，建立健全资源环境承载能力监测预警长效机制，做到"治未病"，让母亲河永葆生机活力。总书记的重要讲话，既阐释了推进长江经济带建设的价值观，也说明了推进长江经济带建设的方法论。将"中医"方法运用到法律上，需要对涉及长江经济带建设的各项法律制度进行"体检"，发现各种"风寒"症状，找到"经脉"淤堵点，研究"脏腑"调理方，为正在制定的《长江保护法》提供法理支撑，确保出台一部以中医整体观为指引、以"治未病"为价值取向的高质量法律，为实现长江经济带建设的"良法善治"保驾护航。

一、母亲河生态环境之痛：法律何以解忧

自习近平总书记 2016 年 1 月在重庆召开推动长江经济带发展座谈会，明确提出长江经济带建设"共抓大保护，不搞大开发"的要求以来，中央和沿江省（直辖市）做了大量工作，在强化顶层设计、改善生态环境、促进转型发展、探索体制机制改革等方面

　　[*] 作者简介：吕忠梅，法学博士，清华大学法学院教授，主要研究方向为环境法、经济法。
　　基金资助：本文系教育部人文社会科学重点研究基地重大项目"生态文明与环境治理机制变革研究"（批准号：19JJD820005）的阶段性成果。
　　文章来源：《中国人口·资源与环境》2019年第10期，本文已经作者及期刊授权出版。

取得了积极进展。通过出台《长江经济带发展规划纲要》及 10 个专项规划完善了政策体系；扎实开展了系列专项行动整治非法码头、饮用水水源地、入河排污口、化工企业污染、固体废物，基本形成了共抓大保护的格局；并采取了改革措施来保持经济的稳定增长势头，使长江经济带生产总值占全国生产总值的比重超过了 45%；积极推进了公共服务均等化，并聚焦民生改善，明显提高了人民生活水平。但是，长江生态环境形势依然严峻。2018 年，生态环境部、中央广播电视总台对长江经济带 11 省（直辖市）进行了暗访、暗查、暗拍，对长江的生态环境状况进行了"体检"，在约 10 万 km 的行程中，发现了许多沿江地区污染排放、生态破坏的严重问题，一些地方并没有真正改变粗放的发展模式，在环境治理方面能力明显不足。推动长江经济带发展，当务之急是先"止血"，抓好长江生态环境的保护和修复[2]。

（一）长江保护立法目标明确

2019 年 1 月 21 日，经国务院批准，生态环境部、国家发展和改革委员会联合印发《长江保护修复攻坚战行动计划》（以下简称《行动计划》），明确提出长江保护修复的目标：到 2020 年年底，长江流域水质优良（达到或优于 III 类）的国控断面比例达到 85%以上，丧失使用功能（劣于 V 类）的国控断面比例低于 2%；长江经济带地级及以上城市建成区黑臭水体消除比例达 90%以上；地级及以上城市集中式饮用水水源水质优良比例高于 97%。为了实现这一目标，《行动计划》提出了从源头上系统开展生态环境修复和保护的整体方案："以改善长江生态环境质量为核心，以长江干流、主要支流及重点湖库为突破口，统筹山水林田湖草系统治理，坚持污染防治和生态保护'两手发力'，推进水污染治理、水生态修复、水资源保护'三水共治'，突出工业、农业、生活、航运污染'四源齐控'，深化和谐长江、健康长江、清洁长江、安全长江、优美长江'五江共建'，创新体制机制，强化监督执法，落实各方责任，着力解决突出生态环境问题，确保长江生态功能逐步恢复，环境质量持续改善，为中华民族的母亲河永葆生机活力奠定坚实基础"。为此，必须"强化长江保护法律保障。推动制定出台长江保护法，为长江经济带实现绿色发展，全面系统解决空间管控、防洪减灾、水资源开发利用与保护、水污染防治、水生态保护、航运管理、产业布局等重大问题提供法律保障"[3]。这表明，《行动计划》不仅为长江生态修复建立了目标导向，而且也提出了明确的立法需求。在一定意义上可以认为，长江保护立法的主要任务就是将"两手发力""三水共治""四源齐控""五江共建"的要求转化为有效的法律制度。

（二）长江保护立法共识尚未达成

2019 年 3 月 9 日，在第十三届全国人民代表大会第二次会议新闻中心举行的记者会上，全国人民代表大会环境与资源保护委员会委员在回答中外记者有关长江保护立法的提问时明确表示，长江保护法为十三届全国人大常委会立法规划的一类项目，并且纳入 2019 年全国人大常委会立法工作计划，已启动立法工作，成立了由全国人民代表大会环境与资源保护委员会、法制工作委员会和国务院各部门、最高人民法院、最高人民检察院共同组成的《长江保护法》立法工作领导小组，制订并通过了《长江保护法》的立法工作方案[4]。这意味着《长江保护法》的制定已真正进入"快车道"。但如何做到立法既要快些、更要好些，是我们必须思考的问题，"国不可无法，有法而不善与无法等"[5]。

实际上，近两年有三个承担相关研究的课题组以专家建议稿的方式提出了长江保护法的草案建议稿，从不同角度设计了长江保护法的制度体系。2019年，《长江保护法》立法工作领导小组各参加单位也在努力工作，开展了多项立法调研、理论研讨和征求意见工作。从目前了解的情况看，各方面对《长江保护法》的性质定位、价值取向、制度架构等一些关键问题还缺乏基本共识。这种情况必须引起高度重视并应得到妥善解决，否则，既可能影响《长江保护法》的立法进程，更会影响《长江保护法》的立法质量。虽然《长江保护法》的立法指向非常明确——为保护长江立法，但对如何在我国已基本建成的法律体系中确定《长江保护法》的"定位"是关键，否则无法妥善处理《长江保护法》的立法宗旨与任务；虽然立法的本质是与长江经济带建设有关的各种利益的博弈与协调，但对各种利益的判断与选择必须遵循一定的价值判断标准，否则无法建立符合长江经济带绿色发展所需要的法律秩序；虽然长江保护修复的各种政策指向、经济方法、技术措施、监管目标已经明确，但《长江保护法》不能把各种政治、经济、技术、管理手段简单"搬家"，否则无法形成符合法律运行规律的理性制度体系。在这个意义上，《长江保护法》的制定所面临的问题，不是我们是否需要这部法律，而是我们制定一部什么样的《长江保护法》。习近平总书记指出："人民群众对立法的期盼，已经不是有没有，而是好不好、管不管用、能不能解决实际问题"；"不是什么法都能治国，不是什么法都能治好国；越是强调法治，越是要提高立法质量。"[6]

（三）长江保护立法的不同思路

如果说，任何立法都是在矛盾的焦点上切一刀，那么对《长江保护法》而言，切好这一刀却十分不易[7]：一是长江保护立法作为流域立法，在中国特色社会主义体系中没有"位置"[8]，如何在立法依据较为欠缺的情况下确定《长江保护法》的定位，需要慎重考量；二是长江大保护的"两手发力""三水共治""四源齐控""五江共建"综合性立法需求，与我国现行的分散式立法模式存在冲突[9]，如何在立法基础十分薄弱的现状下创新立法思维，需要勇气担当[10]；三是长江保护立法的制度体系建构缺乏相对成熟的法学理论，如何从法理上和逻辑上解决长江保护立法的制度设计，需要法律智慧[11]。

面对"长江病"，从法律上也有两种方案可以选择：一种是"西医"方案，针对已经产生的长江生态恶化问题，制定严格的法律制度和标准，限制甚至禁止各种可能影响长江生态环境的生产和生活活动，最终将既遏制长江生态恶化的趋势也遏制长江经济带的发展，这显然不能体现"绿色发展"的理念，也不是我们想要的结果。另一种是"中医"方案，根据长江生态恶化的现实状况，建立环境与发展综合决策机制，在以最严格的制度保护长江的同时，通过实施长江经济带空间管控单元、实行生态修复优先的多元共治等方式协调生态环境保护与开发长江经济带的关系，既突破生态环境问题重点实现

"药到病除"，也建立健全资源环境承载能力监测预警长效机制做到"治未病"，这才是我们的期待。

其实，长江经济带的现状表明：生态环境恶化是"病症"，不顾资源环境承载能力搞大开发是"病因"，缺乏生态环境空间管控和系统性治理理念是"病根"，因此，按照"头痛医头，脚痛医脚"的"西医"方式，不能真正解决问题，必须运用"中医"的辨证施治和系统调理方法，把脉问诊开"处方"。从法律上看，要拿出一套"中医"方案，必须首先认真梳理涉及长江经济带发展和保护的各项权利，发现权力配置的"寒热征"、找到权力运行的"瘀堵点"，然后才可能辨证施治，提出"祛风驱寒、舒筋活血"的运行机制，开出"调理脏腑、疏通经脉"的流域立法方。

二、长江病的法律之因：水资源开发利用与保护的权利冲突

法律上的权利冲突是指两个或者两个以上具有法律上依据的权利之间，因法律未对它们之间的关系作出明确的界定所导致的权利边界不确定性、模糊性，而引起的权利之间的不和谐或矛盾的状态[12]。权利冲突既有同类型权利之间的冲突，也有不同类型权利之间的冲突[13]。产生权利冲突的原因可能有很多，其实质是权利背后的价值和利益冲突。从立法的角度看，解决权利冲突的前提是对冲突的权利进行价值识别、判断和选择，在确定价值判断标准的基础上，通过明晰权利边界、确定权利顺位等方法，以解决权利之间的矛盾问题[14]。制定一部高质量的《长江保护法》，前提是对长江经济带建设所涉及的各种权利是否存在冲突及冲突产生的原因进行分析。

（一）水资源开发利用权利冲突具有世界普遍性

权利冲突的产生与人类对自然资源的开发利用方式逐步扩展密切相关，水资源作为人类生存和发展必不可少的环境要素和劳动对象，是法律上权利最密集且最容易产生权利冲突的领域，水权也是世界各国法律制度中最为复杂的权利体系[15]。尤其是水作为自然资源和环境要素具有明显的流域特性且与所处地理位置的生物种群、气候条件等相互作用，所形成的独特流域生态系统与经济社会系统共同孕育了人类的不同文明[16]，因此，与水资源利用有关的权利冲突也呈现出明显的流域特性。

纵观人类的水资源利用史，水的资源属性与利用方式随着人类文明的发展不断丰富多元，各种权利也相伴而生。人类进入农业文明以后，由于农业的灌溉需要，对水资源开始了建水库、修水坝、打水井等控制和管理性利用，为了保障这种利用的独占性和排他性而产生了设定用水秩序、平衡用水利益冲突的需要，"河岸权"[17]得以产生。随着工业文明时代的到来，工业化生产方式及其所带来的人类社会生活方式的巨大变化，水资源利用方式不再局限于农业灌溉，将水作为土地附着物的"河岸权"无法满足水资源利用多元化的需要。于是，逐渐产生了独立的水权利，如先占优先权、取水权等新的权利，水权体系不断得到丰富和完善[18]。但是，这些权利基本上是建立在个人对水资源开

发利用基础上的私权，较少涉及公共利益[19]。进入 20 世纪以后，科技的不断进步与生产力水平的不断提高，使人类对水资源开发利用的认知更加全面、更加多元化，在对水资源的控制与管理更加强化的同时，也加速了对水资源的污染和破坏。一方面，人类对水的利用从水量扩展到水能、水域空间、岸线、水环境容量、河床砂石、河道航道、水生动植物等方面，并不断突破水资源的时空束缚修建大型水利工程以对水资源进行管控，进而延伸出了对水资源的集中统一管理模式及权利[20]，包括水资源利用在内的综合性权利——发展权诞生[21]；另一方面，水资源的污染与破坏日益加剧，水质性缺水、工程性缺水、生态性缺水问题如影相随，对个人权利的绝对保护导致公共利益的损害，流域生态环境恶化、水危机直接影响到人类生存，要求保护健康环境的环境权逐渐成熟[22]。这些不断出现的新变化使得水资源利用和保护的权利冲突不断涌现，对传统的水资源利用秩序造成剧烈影响。

（二）长江流域资源开发利用的权利冲突具有特殊表现形式

在我国，由于长期以来的农业社会生产方式，兴水利、除水害是历朝历代政府最重要的职能，虽然很早就有了涉及水资源利用的《田律》，规定了遭受水旱灾害必须报告，以及禁止在春天捕鱼等内容，但主要是刑法，私法意义上的水权在中国传统法律中没有出现[23]。中华人民共和国成立后，我国在"水利是农田的命脉"的指导思想下大兴农田水利建设，围绕农业发展所进行的水资源开发利用活动也主要是由政府组织。从法律上看，我国是公有制国家，实行自然资源全民所有制，根据宪法和水法规定，水资源属于国家所有；但在立法上一直没有明确宪法上的"国家所有"与民法上的"国家所有"的关系，包括水资源在内的自然资源使用权如土地使用权、林地使用权、取水权、渔业捕捞权、渔业养殖权等民法上的用益物权制度并不明确，我国在立法上也没有形成完整的水权体系[24]。在这样的法律体系下，长江流域资源的开发利用呈现两个突出特征：一是长江流域资源实际上成为中央各部门行政权的标的，长江流域资源开发利用权的取得、行使、终止都是采取许可、划拨、确认、收回等行政性手段；二是横跨大半个中国的长江流域资源实际上为地方占有并使用,流域开发利用权并未真正受到国家所有权的制约，中央和地方对国家所有的自然资源及其利益呈共享关系。这实际上是长江流域资源开发利用"九龙治水"、各自为政的法律原因。

现行相关法律法规中，与长江流域水资源开发利用和保护有关的国家法律既有《中华人民共和国水法》《中华人民共和国水污染防治法》《中华人民共和国防洪法》和《中华人民共和国水土保持法》"涉水四法"，也有《中华人民共和国物权法》《中华人民共和国土地管理法》《中华人民共和国城乡规划法》《中华人民共和国节约能源法》《中华人民共和国行政许可法》等相关法律；在行政法规层面有《中华人民共和国防汛条例》《中华人民共和国河道管理条例》《长江河道采砂管理条例》《中华人民共和国水文条例》等，在部门规章层面有《蓄滞洪区运用补偿暂行办法》《长江流域大型开发建设项目水土保持监督检查办法》《长江流域省际水事纠纷预防和处理实施办法》《长江水利委员会入河排污口监督管理实施细则》。这些法律法规初步建立了水资源开发利用与水污染防治、防洪减灾、水土保持、节水与水资源配置和调度、河道资源管控、流域水事纠纷处理等多项制度。从理论上讲，这些法律法规都应该成为长江经济带建设的依据，各种不同法律关系的主体基于法律的赋权可在不同空间对不同形式的资源利用其不同功能，应该可以形成各得其所、和谐融洽的长江流域水资源开发利用和保护秩序。但因为这些立法涉及多层级、多机关、多法律关系，各种规范的出台背景、价值取向、核心内容、制度体系缺乏协同，各种权利间的关系在缺乏必要统筹的情况下不可能有清晰界定，必然导致实践层面的诸多法律冲突。经过对涉及长江流域事务管理的 30 多部法律授权的梳理，我们发现长江流域管理权分别属于中央和省级地方政府，其中在中央分属 15 个部委、76 项职能，在地方分属 19 个省级政府、100 多项职能[11]。这种状况极易导致法律上和事实上的权利冲突：一方面是"法律打架"，各种法律规定相互矛盾；另一方面是"依法打架"，各执法主体越权执法、选择性执法、扭曲执法等问题不断出现，权利的行使与保障难以顺利实现[9]。各主体在依法依规行使各自的权利时无法有效控制其外溢性影响，使得基于权利的不同水资源利用和保护行为及其结果之间出现相互矛盾甚至剧烈的冲突，进而影响长江流域水资源利用秩序的稳定。这些冲突在法律层面上表现为权利的不和谐和矛盾，在事实层面上表现为长江流域水资源开发利用和保护之间的结果相互抵触甚至抵消。

在资源开发利用方面，不同主体的权利界限不明确，权利间的关系不清晰，导致冲突不断。在流域层面，《中华人民共和国水法》建立了流域管理与区域管理相结合的体制，也在具体制度中对流域机构授予了制定流域综合规划、水功能区水质监测、新建排污口审核、水量分配和应急水量调度、取水许可审批等权限。但是，《中华人民共和国水法》多处使用"水行政主管部门或者流域管理机构"的表述，但未明确水行政主管部门与流域管理机构权限的划分标准或者适用条件。在地方层面，《中华人民共和国水法》第十二条第四款规定："县级以上地方人民政府水行政主管部门按照规定的权限，负责本行政区域内水资源的统一管理和监督工作。"但没有明确不同层级水行政主管部门"规定的权限"的划分方式及其相关程序，导致各地方"三定方案"规定职责权限差异很大。在中央各部门间，存在许多重复授权、交叉授权、空白授权，使得规划编制、水量与水质统一管理、水工程管理与水量调度、水道与航道管理等方面的权力出现了诸多矛盾和冲突[11]。

在生态环境保护方面，《中华人民共和国水污染防治法》与《中华人民共和国水法》都做了相应规定，但两部法律之间存在明显冲突。虽然都使用了"统一管理"的术语，但生态环境行政管理部门对水污染防治和水生态保护统一监管的职权与水利行政部门对水量与水质统一管理的职能之间缺乏明确的法律界定；虽然都设置了流域管理的相关制度，但其授权范围与权力行使方式缺乏协调与衔接，两部法律所指称的"流域水资源保护机构"和"流域水资源保护领导机构"并非同一机构；导致区域管理中开发利用的"实"与流域生态保护中无人负责的"虚"大量存在。长江流域有特殊的生态系统，其生态环境保护的需求与历史上形成的开发利用方式和产业布局直接相关，在与长江流域资源保护有关的制度方面，还存在着流域整治、水能资源开发与保护、航运与渔业发展统筹、长江沿岸入河排污指标分配、排污总量控制、洲滩与岸线利用及管理等流域生态环境保护方面的

"真空"。这导致了一些制约长江经济带建设的重大问题：长江上游主要是支流水资源开发利用无序；中下游较为普遍地存在河道非法采砂、占用水域岸线、滩涂围垦等行为，蓄滞洪区生态补偿机制较为缺乏；河口地区咸潮入侵有所加剧，海水倒灌和滩涂利用速度加快；跨流域引水工程的实施，导致流域内用水、流域与区域用水矛盾日趋凸显。

正是由于法律上的权利配置呈现出区域权利强与流域权利弱、流域资源开发利用权力大而实与流域生态环境保护权力小而虚的巨大反差，各地方、各部门、各行业为追求自身的发展目标而忽视流域生态环境保护，导致了"长江病"的发生。在这个意义上，为长江生态环境保护立法，核心在于通过界定权利边界、畅通权利运行机制，妥善消除各种权利之间的冲突，实现长江流域资源开发利用与生态环境保护关系的协调发展。

三、消弭权利冲突之根：确定长江保护立法的价值取向

法律具有行为规则和价值导向的双重功能，任何立法活动都不是单纯的规则制定过程，而是通过立法活动表达、传递和推行一定的价值目标或价值追求。立法活动是一定价值取向指引下的国家行为，申言之，价值取向是立法的思想先导。如果说，长江流域生态环境恶化是法律上的权利严重冲突导致的事实后果，缺乏专门的长江立法是客观原因，那么，为长江立法尤其是立良法的前提就是解决立法的价值观问题。正如习近平总书记所指出的："推动长江经济带绿色发展首先要解决思想认识问题，特别是不能把生态环境保护和经济发展割裂开来，更不能对立起来。要坚决摒弃以牺牲环境为代价换取一时经济发展的做法。有的同志对生态环境保护蕴含的潜在需求认识不清晰，对这些需求可能激发出来的供给、形成的新的增长点认识不到位，对把绿水青山转化成金山银山的路径方法探索不深入。一定要从思想认识和具体行动上来一个根本转变。"[1]习近平总书记还特别强调：推动长江经济带高质量发展要"正确把握生态环境保护和经济发展的关系，探索协同推进生态优先和绿色发展新路子。推动长江经济带探索生态优先、绿色发展的新路子，关键是要处理好绿水青山和金山银山的关系。这不仅是实现可持续发展的内在要求，而且是推进现代化建设的重大原则。生态环境保护和经济发展不是矛盾对立的关系，而是辩证统一的关系。生态环境保护的成败归根到底取决于经济结构和经济发展方式。发展经济不能对资源和生态环境竭泽而渔，生态环境保护也不是舍弃经济发展而缘木求鱼，要坚持在发展中保护、在保护中发展，实现经济社会发展与人口、资源、环境相协调，使绿水青山产生巨大生态效益、经济效益、社会效益。"[1]习近平总书记的重要讲话为长江保护法的制定指明了方向，利益的取舍、规则的设计都必须以实现"生态优先、绿色发展"为目标，这个目标可具体化为流域安全、流域公平、流域可持续发展的立法价值取向。

（一）确立价值取向是长江保护立法的内在需求

从立法活动的规律看，立法的价值取向并不是外部强加于立法者的，而是由立法这

一特定的实践活动的品格所决定的，其本质是人类在立法时对利益追求的取舍[25]。立法的价值取向的首要功能是明确这个立法所要达到的目的或追求的社会效果。《长江保护法》是针对长江流域的立法，其核心是把过去的以部门和区域为主的法律具体化为针对长江流域问题的法律，它既与原有的国家以部门职责分工为主的条条立法不同，也与地方主要以所辖行政区的块块立法不同，是既跨部门也跨区域的立法。按照长江经济带建设"生态优先、绿色发展"的基本目标，《长江保护法》的主要任务至少有三个方面：一是解决"生态优先、绿色发展"的法治抓手问题，为长江经济带发展提供法律依据；二是建立长江流域的功能、利益和权力的协调和平衡机制；三是建立新的适应流域治理变革所需要的治理体制机制[9]。这意味着《长江保护法》必须处理好开发利用与保护的关系、流域与区域之间的利益关系、法律传承和制度创新的关系，面对这样一种新的立法形态、复杂的立法任务，迫切需要形成普遍认同和追求的价值理念、基本原则和目标并用以指导整个立法活动，以保证立法过程中的利益博弈、权衡和选择的方向一致、判断一致、结果一致。

明确的立法价值取向，可以在法律追求的多个价值目标出现矛盾时，通过价值界定、价值判断来完成最终的价值选择。这既包括立法者是否能够对该项立法的应然价值予以接纳和接受；也包括当存在多重价值目标时的价值取舍和价值目标重要性的排序[22]。长江保护立法在这两个方面都面临着前所未有的问题。由于长江保护立法的"横切面"属性，必须跨越传统法民法、刑法、经济法的界限，综合运用各种法律调整手段，融法律规范、国家政策、政府行为规制等目标于一体，其应然价值是什么尚存巨大分歧，立法者应接受或接纳何种价值目标亟待明确。由于《长江保护法》是围绕开发利用和保护长江水资源的各种社会关系展开的，原有的可适用于长江流域的法律众多，这些立法的价值目标多样，也许就单个立法来看都十分正确，但适用的结果却因多重价值目标之间的矛盾而导致权利严重冲突，如何对这些不同立法的价值目标进行价值取舍并明确价值目标重要性的排序，也是必须尽快加以解决的问题。

（二）安全、公平、可持续发展应成为长江保护立法的价值取向

从长江经济带建设的目标要求与生态环境的严峻现实之间的张力看，制定《长江保护法》的根本目标是确保不因长江经济带建设而导致长江流域生态系统崩溃。换言之，如果没有长江流域生态系统的稳定平衡，就没有长江经济带。但现实的情况是，长江流域所面临的生态环境问题并没有得到根本性缓解，依然存在五个方面的突出问题。

一是流域的整体性保护不足，生态系统退化趋势加剧。具体表现为生态系统破碎化，大量的生态空间被挤占；自然岸线的过度开发，严重影响生态环境的安全；水土流失问题严重，湖泊湿地生态功能退化；水生珍稀濒危物种受威胁程度明显上升。

二是水污染物排放量较大，治理水平有待提高。具体表现为长江每年接纳的污水占全国总污水排放量的 2/3，单位面积的排放强度是全国平均值的 2 倍；部分支流污染严重，滇池、巢湖、太湖等湖体富营养化问题突出；环境治理方面基础设施欠账太多，城镇农村污水处理设施建设不足；工业集聚区污水集中处理设施建设仍不完善；农业面源

污染比较突出，总磷逐渐成为长江主要污染物之一。

三是资源开发和保护的矛盾突出，长江资源环境严重透支。主要表现为非法采砂屡禁不止，自然河道破坏严重；水电资源过度开发引发环境问题，长江上游水库群使中下游水量的不断减少；矿区分布与集中连片特困地区、重要生态功能区高度重叠；据统计，2014年长江中上游地区贫困县有258个，占全国贫困县总数的43.6%，这些地区也是生物多样性和水土保持的国家级生态功能区，同时也是长江上游、金沙江、雅砻江等水电资源，云贵铝土、川鄂磷矿、江西稀土、湖南有色金属资源分布的重点地区。

四是环境风险的隐患多，饮水安全保障压力大。表现为主要干支流沿岸高环境风险工业企业分布密集；危险化学品运输量持续攀升，水上交通事故引发环境污染风险增加；饮用水水源风险防范能力亟待加强，水质性缺水是长江的一个现实。

五是产业结构和布局不合理，绿色发展相对不足。上中下游各个地方加快发展的意愿非常强烈，都希望布置工业区，布置沿江城市，重工业沿江集聚并向上游转移的势头明显。从各地公布的城乡规划和产业规划来看，依靠土地占用、资源消耗等增量扩张的发展模式仍然占主导地位。在这样的严峻形势下制定的《长江保护法》，必须统筹考虑开发利用和保护的关系，把生态修复放在压倒性的位置，真正贯彻"共抓大保护，不搞大开发"的要求，在立法原则上强调"保护优先"，为长江经济带开发利用设置生态红线、资源底线、经济上限。这些要求在立法上，应体现为安全、公平、可持续发展的价值目标。

从安全、公平、可持续发展的价值目标之间的关系看，在长江保护立法中，安全是基础价值，公平是基本价值，可持续发展是根本价值。长江经济带建设涉及复杂的利益关系，可以将对长江流域资源的开发利用和保护简化为以"水"为对象的人类活动，但"水"本身却不简单，至少涉及水生态、水岸、水路、水系、水质、水源等多个方面。从满足人类生存角度看，需要处理好生活水、生产水、生态水的关系；从经济社会发展角度看，需要协调上下游、左右岸用水，管水、排水的秩序；从自然生态角度看，需要面对水多、水少、水脏、水浑等。为长江流域这样复杂的巨大系统建立能够满足"生态优先、绿色发展"需求的法律制度体系，必须将流域生态安全作为首要的基础性价值，任何有害于生态安全的开发利用活动都必须受到法律的限制乃至禁止，否则，长江经济带将无所依托。在保障流域生态安全的基础上，各种开发利用长江流域资源的活动必须确保公平，在法律制度设计中充分考虑长江流域东、中、西部的不同发展阶段、不同发展水平、不同利益诉求，保证资源配置公平和权利保障公平，确保长江经济带开发利用和保护的利益为全流域人民所共享，能够增强人民的获得感、幸福感、安全感。保障流域安全和流域公平的最终目标是实现长江流域的可持续发展，建立人与自然共生共荣的双重和谐法律关系，满足当代人和未来世世代代对美好生活的向往。只有确定了长江保护法的安全、公平、可持续发展的价值取向，才可能将"以改善长江生态环境质量为核心，以长江干流、主要支流及重点湖库为突破口，统筹山水林田湖草系统治理，坚持污染防治和生态保护'两手发力'，推进水污染治理、水生态修复、水资源保护'三水共治'，突出工业、农业、生活、航运污染'四源齐控'，深化和谐长江、健康长江、清洁长江、安全长江、优美长江'五江共建'"的要求转化为有效的法律制度；也才可能保证《长江保护法》实现"为长江经济带实现绿色发展，全面系统解决空间管控、防洪减灾、水资源开发利用与保护、水污染防治、水生态保护、航运管理、产业布局等重大问题提供法律保障"的立法任务。

只有确立了安全、公平、可持续发展的价值目标，才能对现有的涉及长江流域资源开发利用和保护的各种法律制度进行评估和梳理，明确有利于"共抓大保护，不搞大开发"的权利（权力）配置原则，建立以实现"生态优先、绿色发展"为目标的体制机制，完善能够针对长江流域特殊生态系统的法律制度。

四、长江保护立法之方：建立促进"绿色发展"的法律机制

长江保护立法是在一定价值取向指引下对权利义务、权力责任等立法资源的配置过程，从立法技术上看，对立法资源的配置，既要追求一定历史限度内的公平，又要优化利用立法资源，以实现最大的立法效益与效率，坚持以良法促善治的高质量立法水准。习近平总书记指出："长江经济带应该走出一条生态优先、绿色发展的新路子。一是要深刻理解把握共抓大保护、不搞大开发和生态优先、绿色发展的内涵。共抓大保护和生态优先讲的是生态环境保护问题，是前提；不搞大开发和绿色发展讲的是经济发展问题，是结果；共抓大保护、不搞大开发侧重当前和策略方法；生态优先、绿色发展强调未来和方向路径，彼此是辩证统一的。二是要积极探索推广绿水青山转化为金山银山的路径，选择具备条件的地区开展生态产品价值实现机制试点，探索政府主导、企业和社会各界参与、市场化运作、可持续的生态产品价值实现路径。三是要深入实施乡村振兴战略，打好脱贫攻坚战，发挥农村生态资源丰富的优势，吸引资本、技术、人才等要素向乡村流动，把绿水青山变成金山银山，带动贫困人口增收。"实际上，长江保护立法在很大程度上就是要将这样一条"生态优先、绿色发展的新路子"转化为法律制度，建立促进"绿色发展"的法律机制。

（一）优化立法资源，厘清长江保护法的基本概念，合理借鉴域外经验，明确立法技术路径

针对我国目前流域立法定位不清、立法少、理论支撑不足的现状，深化立法基础性概念、基本法律关系识别、法治类型构造等问题研究。立足流域空间的自然单元、社会经济单元与管理单元等多元属性，界定流域的法律属性，奠定长江保护立法的基础概念与逻辑起点。明确流域法律关系的特殊构造与具体类型，通过流域空间的法律化和法律的流域空间化构造，为长江保护立法构建"绿色发展"体制机制提供理论支撑。

认真研究域外流域立法的发展变迁规律，合理借鉴相关国家的立法经验。将域外流域立法所经历的传统法调整、现代流域立法产生和流域立法的综合化历史，法律上的流域空间逐步具备独立性、逐步推动水事立法体系整体性和综合性的立法经验，以独立和

综合性流域立法容纳和调整日趋复杂的流域法律关系的实践效果等，在深入分析的基础上结合我国国情尤其是长江流域的实际予以扬弃。

深化对长江保护立法的理性认识，在检视我国现行的以部门为主导的分散立法模式、以中央和地方立法为主的直线性立法方式所存在的弊端和问题的基础上，认真研究长江保护立法的技术路线。采取"线性"立法和"横切面"立法并重的方法，根据长江流域的多要素性（自然、行业、地区），与社会、经济、文化等复合交融性等特点，充分考虑长江流域生态系统与其他生态系统的关联性、与经济发展的同构性、流域治理开发保护与管理的特殊性，从产业聚集、国土空间、水资源配置等多方面设定绿色发展的边界、确立可持续发展的保障性制度，从治理体系与治理能力现代化的角度回应长江流域特殊的区位特征、特殊流域特性与特殊水事问题对立法的现实需求。

采取由立法机关直接立法或委托第三方提出立法草案的方式，克服行政部门主导的立法弊端，以利于在立法中按照流域生态系统规律，把水安全、防洪、治污、港岸、交通、景观等问题一体考虑，综合运用私法和公法手段，建立长江流域资源统一配置、统一监管制度，切实解决沿江工业、港口岸线无序发展的问题，优化长江经济带城市群布局、经济结构与产业结构，确保长江流域资源的可持续利用。通过对"权利—权力"的合作性制度安排，建立流域治理与区域治理相互协作、流域圈与行政圈的有机融合的法律机制。在流域发展与保护方面，统筹考虑科学利用水资源、优化产业布局、合理配置港口岸线资源和安排一些重大投资项目，既能使市场在资源配置中起决定性作用，又能更好地发挥政府作用。在局部发展与流域整体保护的关系方面，将长江流域所涉及的不同省份、区域，上下游、左右岸的不同主体、不同利益诉求纳入统一的法律制度，形成协同、协调的法律机制。从公共行政的效率性与合法性两个维度考虑政策与法律的关系，将《长江经济带发展规划纲要》《长江保护修复攻坚战行动计划》等政策目标通过合理方式进行有效的法律制度转化和建立法律与政策的有机衔接机制，妥善处理好政府与市场、政府与社会、政府与个人的关系，在流域层面合理划分中央事权与地方事权、部门事权、社会组织事权，实现政策与法律的有机统一，对长江流域事权的划分作出系统性、科学性的制度设计和安排，为建立多元共治的长江流域治理体系提供法律依据。

（二）按照发展与环境综合决策原则，合理配置政府事权，建立实现"绿色发展"决策体制

立足长江经济带建设中权利冲突严重，尤其是权力配置缺乏协同与协调机制的现实，深刻认识长江流域生态环境恶化与经济发展方式的关系，寻找解决方案。针对导致生态环境问题的根本原因是环境资源有效配置方面的制度缺陷，主要表现为政府决策过程缺乏对生态环境保护的充分考虑，以及在政策和法律实施过程中对生态环境利益的忽视、扭曲和不对称性，按照环境与发展的综合决策原则，梳理现行立法中涉及的多重社会"合法"利益的冲突并进行合理的选择、协调和平衡，按轻重缓急进行筛选和排序，进而列出可能解决的政策方案及战略选择，以及政策的制定、实施、评价、调整与优化，形成综合决策过程。通过法律方法要求政府决策、计划、规划等充分考虑环境保护的要求，实现环境污染、生态破坏的事前预防与源头控制，以替代以往的环境污染和生态破坏的被动性事后补救、末端控制方法。

根据长江流域法律空间化和法律的流域空间化构造设想，改变既有立法的一元空间观，将长江流域视为"水系空间"。以法律的方式消除过去事权配置存在的流域层级事权虚化或弱化、仅针对单一"水"要素及缺乏长江流域特殊的针对性事权配置、片面强调事权关系的单向服从等问题。在长江保护立法中注重从层级、内容、空间、性质四个维度，注意通过识别长江流域的生态系统、社会关系、法律关系特殊性以确定事权的"范围"，进而在政府间进行事权配置。以落实《长江经济带发展规划纲要》确定的国土空间布局和长江经济带功能定位及各项任务为指向，建立"以水为核心要素的国土空间"理念并合理配置事权。从体制建设的角度，为中央、流域、地方三个层级分别配置相应的事权，重点是重构长江流域管理体制，为流域管理主体配置相应的流域层级事权。从机制建构角度，建立流域规划、水安全保障、生态保护与修复、水污染防治、涉水资源可持续利用五类基本法律制度；从解决长江流域的"点""线""面"问题角度，设计专门法律制度。在各级各类政府间配置权威型、压力传导型、合作协商型、激励型四类事权，形成配套法律制度。

通过有效的事权配置，建立良性的环境行政综合决策运行机制。通过对各级政府和有关部门及其领导的决策内容、程序和方式提出具有法律约束力的明确要求，将"生态优先、绿色发展"的长江经济带建设目标在决策层次上法律化、制度化和具体化，确保在决策的"源头"（即拟订阶段）将"绿色发展"的各项要求纳入有关的发展政策、规划和计划中，为贯彻执行阶段打下坚实基础。通过建立合作机制，要求生态环境部门与经济管理部门在制定、执行有关决策时进行广泛的合作，并采取协调一致的行动；在贯彻执行有关的政策与计划时，各部门通过相互协调、积极配合，严格执行环境法律法规，以有效防止各部门之间"争权夺利、推诿责任"，堵塞执法漏洞，不致再出现"有权的无力管、该管的没有权"的异常现象。通过事权配置，建立有效的决策监督体制，将各部门及其领导的决策行为置于《长江保护法》的监督之下，以有效防止相关部门滥用职权、超越职权，或躲避法律、逃避责任的行为发生；在决策者违反法律或构成犯罪时能够依法及时追究法律责任，敦促各级政府与相关部门依法行政，增强《长江保护法》的权威性，维护法律统一与尊严。

（三）建立以实现绿色发展为目标的多元共治机制，广泛鼓励公众参与

绿色发展是在传统发展基础上的生产方式和生活方式的重大变革，是建立在生态环境容量和资源承载力的约束条件下，将环境保护作为实现可持续发展重要支柱的一种新型发展模式。习近平总书记指出："坚持绿色发展是发展观的一场深刻革命。要从转变经济发展方式、环境污染综合治理、自然生态保护修复、资源节约集约利用、完善生态文明制度体系等方面采取超常举措，全方位、全地域、全过程开展生态环境保护。"[26]在长江保护立法中，采取"超常举措"，开展"全方位、全地域、全过程"的生态保护，最主要的方法是建立政府、社会、公民个人多主体参与、有序衔接的"小政府、强政府、大社会"共同治理模式。

　　以长江经济带绿色发展为共同利益，在法律上构建政府、社会、公民共同参与的多层次、多维度、开放性共治系统，以对话、竞争、妥协、合作和集体行动为共治机制，将多主体治理与协作性治理整合起来。确立政府之外的个人、企业、家庭及各类社会组织机构的治理主体地位，倡导综合运用行政力量与其他社会力量开展多种方式保护长江生态环境，并有效预防和化解由长江流域开发利用过程中可能引起的社会矛盾。明确政府、市场和社会等行为主体在长江流域多元治理中的不同职能定位和作用，以增强政府和市场、政府与社会之间的合作可能性、合作可行性及合作效果为目标，克服政府和市场之外的公地悲剧，建立政府与社会继续协作的兼容接口或连接点。针对长江大保护需要从单一行政性主导到多元共治的现实要求，建立信息公开、公众参与等相关制度，确保"多元共治"体系下的环境信息公开、决策透明、环境责任主体明确，在政府主导的环境决策机制中明确公众参与的方式方法，建立"多元共治"框架下的宣传教育、监督、风险评估与预警、风险沟通与冲突识别、多元纠纷解决机制。

　　高度重视公众参与推动长江经济带"绿色发展"的作用。建立长江大保护的广泛公众参与和环境民主机制。确保公众的知情权、参与权、表达权、监督权。鼓励公众以个人或者社会组织的方式亲身参与，及时了解和掌握长江流域的环境质量状况，预防和应对有损自己和他人生态环境利益的环境违法政策；及时反映或反馈对政府决策的意见和建议，加强公众与执法部门之间的了解与支持，减少相互之间的摩擦与冲突。以通过法律的运行增强公众的生态环境保护意识，加强《长江保护法》的普及与教育，保证《长江保护法》的遵守与执行。

参 考 文 献

[1] 习近平. 在深入推动长江经济带发展座谈会上的讲话[C/OL]. [2018-10-19]. http://www.xinhuanet.com/2018-06/13/c_1122981323.htm.

[2] 韩正. 坚持问题导向 紧盯问题整改 齐心协力把共抓大保护要求落到实处[N]. 人民日报, 2019-03-26(3).

[3] 生态环境部. 关于印发《长江保护修复攻坚战行动计划》的通知[EB/OL]. [2019-03-30]. https://www.sohu.com/a/291573996_99964894.

[4] 程立峰. 将长江保护法纳入2019年全国人大常委会立法工作计划[C/OL]. [2019-03-30]. http://www.xinhuanet.com/politics/2019lh/2019-03/09/c_1124212522.htm.

[5] 沈家本. 历代刑法考[M]. 北京: 中华书局, 1985: 2239-2240.

[6] 中共中央文献研究室. 习近平关于全面依法治国论述摘编[M]. 北京: 中央文献出版社, 2015: 43.

[7] 吕忠梅. 长江保护法立法不易, 立良法更重要[N]. 第一财经, 2018-11-12(6).

[8] 中华人民共和国国务院新闻办公室. 中国特色社会主义法律体系[M]. 北京: 人民出版社, 2011.

[9] 吕忠梅, 陈虹. 关于长江立法的思考[J]. 环境保护, 2016, 44(18): 32-38.

[10] 吕忠梅. 长江保护立法并非头疼医头脚疼医脚[N]. 澎湃新闻, 2019-03-12(7).

[11] 吕忠梅. 寻找长江流域立法的新法理: 以方法论为视角[J]. 政法论丛, 2018(6): 67-80.

[12] 王克金. 权利冲突论: 一个法律实证主义的分析[J]. 法制与社会发展, 2004(2): 43-61.

[13] 郭明瑞. 权利冲突的研究现状、基本类型与处理原则[J]. 法学论坛, 2006(1): 5-10.

[14] 张平华. 权利位阶论: 关于权利冲突化解机制的初步探讨[J]. 法律科学(西北政法学院学报), 2007(6): 32-45.

[15] 崔建远. 水权与民法理论及物权法典的制定[J]. 法学研究, 2002(3): 37-62.

[16] 吕忠梅, 等. 流域综合控制: 水污染防治的法律机制重构[M]. 北京: 法律出版社, 2009: 8-9.

[17] 王灵波. 论美国水权制度及其与公共信托制度的区别与冲突[J]. 沈阳工程学院学报(社会科学版), 2016, 12(2): 186-191.

[18] 崔建远, 彭诚信, 戴孟勇. 自然资源物权法律制度研究[M]. 北京: 法律出版社, 2012: 227-229.

[19] 裴丽萍. 水权制度初论[J]. 中国法学, 2001(2): 91-102.

[20] 史蒂文·米森, 休·米森. 流动的权力: 水如何塑造文明?[M]. 岳玉庆, 译. 北京: 北京联合出版公司, 2014: 334-336.

[21] 汪习根. 发展权法理探析[J]. 法学研究, 1999(4): 14-22.

[22] 吕忠梅. 环境权入宪的理路与设想[J]. 法学杂志, 2018, 39(1): 23-40.

[23] 季勋. 云梦睡虎地秦简概述[J]. 文物, 1976(5): 1-6, 99-100.

[24] 吕忠梅. 中国民法典的"绿色"需求及功能实现[J]. 法律科学(西北政法大学学报), 2018, 36(6): 106-115.

[25] 吴占英, 伊士国. 我国立法的价值取向初探[J]. 甘肃政法学院学报, 2009(3): 10-15.

[26] 习近平. 习近平总书记在山西考察工作时的讲话[N]. 人民日报, 2017-06-24(1).

长 江 立 法

实现"长江大保护"的重大战略任务，法制建设必须先行，近年来，在国家立法机关与社会各界的推动下，《长江保护法》立法已进入实质操作阶段，但要将有关长江流域的顶层设计转换为法治创新，进入立法的学术情境，难度较大。首先，制定《长江保护法》需要重大理论创新，寻找新法理支撑，以补齐流域立法缺乏系统理论基础的短板，确立长江流域立法在国家法制系统中的定位与逻辑；其次，长江流域立法需要解决"合理配置长江流域政府间事权"的重任，实现不同流域单元、政府部门及社会组织之间多元共治的良性保护机制。基于此，本版块将聚焦以上相关问题进行深入探索，期望能为我国长江流域立法提供有价值的参考。

流域法治何以可能：

长江流域空间法治化的逻辑与展开*

陈　虹

　　尽管《长江保护法》立法已进入实质操作阶段，但要将有关长江流域的顶层设计转换为法治创新，进入立法的学术情境，难度较大。制定《长江保护法》需要重大理论创新，寻找新法理支撑：一方面，新法理能够为突破现有的立法理念、立法原则和立法模式提供依据，为制定《长江保护法》奠定理论基础；另一方面，新法理具有指导实践功能，可为长江流域立法重构社会关系、重塑管理体制、重建社会秩序提供价值取向和"权利—权力"沟通协调方法。如此，方能将"以共抓大保护、不搞大开发为导向推动长江经济带发展"的新理念落地为实际的法律制度，把加快推进生态文明建设的各项方针政策和制度措施通过立法制度化、规范化、程序化并适用于长江经济带建设。

一、流域法律属性：长江流域立法新法理的逻辑起点

　　空间是行政、市场与社会等一切行为的载体，自然成为赋予其他概念以意义的决定性来源[1]，空间性因此成为洞察人类社会的重要维度。空间的变迁孕育着法律的演化，空间面貌在历史长河中漫不经心地步履身后往往寓意着法律亦步亦趋的嬗变[2]。法律与空间共同积极地形塑和构筑社会，并在这一过程中持续不断地再生产着[3]。当将空间引入法律时，空间的复杂性带来了挑战与机遇：挑战是指空间的复杂性使得法律的稳定性和可预期性特征受到冲击，而机遇则是它使法律无法解决的普遍性与特殊性的悖论得以缓解，促使法律不断地自我超越[4]。环境法的理论供给与制度设计必然更多地依赖空间的给定属性，与空间勾连更深、关联更广。

　　* 作者简介：陈虹，法学博士，中南财经政法大学法学院副教授，主要研究方向为环境法、经济法。

　　基金资助：本文系教育部人文社会科学重点研究基地重大项目"生态文明与环境治理机制变革研究"（批准号：19JJD820005）的阶段性成果。

　　文章来源：《中国人口·资源与环境》2019年第10期，本文已经作者及期刊授权出版。

空间的各部分并非同质，时空差异性和人的不同利益诉求影响着法律的分布与运行，恰恰是空间治理的关键因素。作为特殊的空间构成，流域是以水为纽带和基础的自然空间单元，也是人类活动的社会空间单元，承载着区域与流域、上下游、左右岸等不同产业、行业与群体的利益交融，承接着大尺度、长时空、巨系统背景下不同文明形态的空间交汇。作为层次丰富、功能多样的复合系统，流域水循环已经把环境、社会和经济等众多过程联结起来，不仅构成经济社会发展的资源基础、生态环境的控制因素，同时也是诸多生态问题、经济社会问题的共同症结所在。流域空间的高度集成性、目标冲突性，铸就了流域的多种面向。在不同情境与话语下，流域叠加了自然、经济、生态及法律的多元属性，折射出自然单元、社会经济单元、管理单元及法律单元的多维面相。

（一）自然单元

狭义的流域聚焦流域的水文学自然特征，指一条河流的集水区域，其边界为某一河流集水区的周边分水岭。从早期文明到现在，流域在支撑人类社会经济发展中一直扮演着重要角色，是人类生产生活中最为重要的地理生态单元之一。有效的流域管理对于可持续发展至关重要，许多政策制定者、研究者和水管理者倡导强化流域自然单元属性，从流域尺度去管理水资源。

（二）社会经济单元

广义的流域概念不仅包括流域内的水文网络，还包括流域内的人口、环境、资源、经济、文化等要素，是地球表面具有明确边界、因果关系的区域开发和保护实体，也是一个通过物质运移、能量流动、信息传递互相交织、互相制约组成的自然-社会-经济复合系统。与自然流域相比，社会流域的边界具有动态演变的特征，以社会水循环为基础，突出了社会水循环系统在流域可持续利用过程中的地位，并且在很大程度上解决了自然流域边界对行政单元的分割。社会流域与行政区域空间之间多会形成一种"嵌套"。一种常见的"嵌套"是一个大的流域可能"嵌套"多个行政区域空间[5]，导致社会及行政单元的现有边界在运用上的便利与按水文边界重新组合空间单元的逻辑性，常常存在权衡取舍的困难。流域管理需要理解不同"社会空间尺度"的生态及社会过程，社会流域概念为流域管理和区域管理的协调提供了较好的尺度范围。

（三）管理单元

人们逐渐意识到，顺应水资源的自然运动规律和经济社会特征，以"可管理的流域"为单元，对水资源实行综合治理，可使流域水资源的整体功能得以充分发挥。实践证明，流域综合管理必须立足全流域，基于流域生态系统内在的规律和联系来管理流域内的水资源，这才是进行流域综合管理、推动流域经济发展的最佳途径[6]。传统基于自然水文循环过程划定的流域，很少能够与社会景观相吻合，也常常与社会政治单元不一致。为流域属性注入管理要素，通过行政边界与水文边界的协调去促进水管理的便利，是水资源管理的聪明理念。

（四）法律单元

流域空间的多元属性决定了流域的法律属性：各单元属性之间的矛盾张力、水功能要素的冲突、相关主体的利益博弈等，为利用法律手段管理流域提出了内在需求。例如，正义和合理性在不同的空间具有不同的意义，空间的合理性和正义已经成为一个重要的研究论题[7]；又如，环境侵害涉及跨介质和跨区域层面，或者说自然意义上的空间维度和人文意义上的空间维度，涉及环境侵害对个人、地方、跨区域等的影响[8]。在流域空间认知中，自然单元面相最清晰，法律单元面相最为模糊和不彰。流域尺度的水资源管理应遵循从自然流域拓展为社会流域、管理流域，进而演化为法律流域的逻辑，赋予流域空间法律的色彩与基因。

二、流域法律关系：长江流域立法新法理的变革要素

（一）生态环境问题造就了环境法律关系的特殊性

要将环境法律关系从纷繁复杂的社会关系中界定清楚，关键在于选取社会生活中的何种"场景""过程"及裁剪的方法。法律关系是一个由各种各样的权利、权能、义务和法律上的拘束等形式组成的一个整体，是一个有机结构组合[9]。环境社会关系的广泛性和复杂性，导致环境法律关系的种类与性质比传统法律关系更为多元，也使得环境法律规范呈现出明显的复合性[10]，环境法律关系的特质更加鲜明：以环境法律规范为基础、以环境为媒介形成法律主体间的互动关系，广泛性和复杂性兼具。

（二）流域法律关系是环境法律关系的一种特殊构造与具体类型

1. 流域法律关系更为复杂、多元与综合

环境定义的模糊性、环境要素的多样性、环境法律规范的复合性[11]，塑造了环境法律关系的多重结构、多种样态。将环境法律关系情境化、具体化到流域空间，流域法律关系更为复杂、多元与综合。流域范围跨度大，各空间要素区段性和差异性明显，导致上下游、左右岸和干支流在自然条件、地理位置和经济社会等方面有所不同。长江流域内空间差异极大，自然要素、社会经济要素、管理要素与法律要素等相互叠加，各层次法律运行也有所不同，涉及环境权、生存权与发展权等权利的优化配置，涉及国家发展战略的落地与复杂多元利益的考量，涉及流域治理体制机制的优化与选择等。这意味着，长江流域保护、开发与利用的多目标诉求，以水为纽带的多要素集成，以流域资源配置为中心的多元化利用，在同一空间维度上生成、叠加了相互嵌套的经济关系、社会关系、文化关系……长江流域的复合性、异质性关系抽象为法律关系，致使流域法律关系纵横交错。

以河道采砂为例，它关系到河势稳定、防洪安全、通航安全、砂石资源开发利用，乃至生态环境、社会治安等诸多方面，是一项涉及面广、涉及行业较多、涉及多职能部

门的复杂水事活动。按照《中华人民共和国水法》《中华人民共和国河道管理条例》的规定，河道采砂涉及多种法益，必须对其予以行政许可管理，但河道采砂许可制度实施办法一直未能出台。在公开拍卖河道采砂许可中容易出现拍卖价格虚高，采砂企业难以获得合理收益。即使取得河道采砂许可，开采过程中难以实现全过程监管，超范围、超量开采现象普遍。作为河道采砂许可支撑的河道采砂规划由于涉及范围广，无法进行完整的勘探，水下砂石储藏情况难以摸清；在规划批准过程中又需要平衡不同地区、不同部门的利益，科学性和指导作用不足。规划确定的河砂可采量小，市场被非法开采的河砂充斥[12]。这些非法采砂船不择地点、不分时间，肆意乱采，严重影响江河行洪及航行安全，成为长江生态遭受破坏的"黑手"之一。严打非法采砂，始终是保护长江的重要内容。2016年最高人民法院、最高人民检察院联合发布的《关于办理非法采矿、破坏性采矿刑事案件适用法律若干问题的解释》，明确了河道管理范围内非法采砂，符合规定的以非法采矿罪定罪处罚。综上，河道采砂既涉及河道采砂规划、河道采砂许可等行政法律关系，也涉及河道采砂许可的拍卖、交易等民事法律关系，甚至涉及因触犯刑法而以"非法采矿罪"追究刑事责任的刑事法律关系，殊为复杂。

2. 流域法律关系本质：流域空间的法律化和法律的流域空间化

流域空间是人类实践的对象，流域各相关主体的行为在流域空间中展开[13]，形成了各种经济社会关系。以环境法的空间视角审视流域法律关系，其实际经历了流域空间的法律化和法律的流域空间化的双向型构：流域空间的法律化是指作为一种物理存在的空间，经由人类的改造获得主观意义，并进而成为法律文本的过程和事实；法律的流域空间化则是指作为一种文本和符号的法律，规范、调整各种流域空间的过程和事实。

1) 流域空间的法律化

如果一个特殊的空间单元源自多重的时间和空间途径，精心设计的法律制度必须通盘考虑这些复杂的要素。流域空间的法律化要求实现流域内空间资源的优化配置、空间秩序的塑造保障及空间规则的生成确认，实质上是将流域整体空间与流域的各构成要素符号化，将流域内的山水林田湖及附着于其上的经济、社会关系抽象投射为法律图景的过程。

法律所调整的流域经济社会关系，某种程度上都是不同尺度的空间关系，故流域立法可谓是调整流域空间关系的法律规范。以主体功能区为例，优化空间结构是绿色发展、经济转型、提升可持续发展能力的最主要措施之一。作为我国独创的国土空间开发的战略性、基础性规划，主体功能区规划对于形成人口、经济、资源环境相协调的空间开发格局具有重要作用，对经济发展、资源管制、政府绩效、府际关系等产生越来越强的约束力。加强生态空间管控，就是要制定生态空间保护清单，推动生态环境保护清单式管理，并纳入地方党委政府的综合决策[14]。因此，按照生态功能极重要、生态环境极敏感的需要实施最严格管控，切实加强生态空间管控，提升生态空间规模质量。

作为中国尺度最大的空间单元，长江流域在相当程度上与长江经济带重叠。流域发展条件的复杂性堪称全国的缩影，是我国区域发展战略整体研究的典型样本。作为横跨我国东中西部的一级轴线，其改革开放以来的总体发展，具有与全国一致的典型性特征，如上中下游（东中西部）发展差异、经济发展的结构性矛盾、资源环境约束、水资源安全等。长江经济带位于中国自然景观、生态系统多样性最为丰富的区域，地处中国东西开放、南北协作的优越区位，国土开发与保护既要坚持一体化的框架，也要兼顾多样性的特征，遵循国土空间结构演化的基本规律，按"点、线、面"的形式组织、塑造开放性国土空间结构[15]。空间布局是落实长江经济带功能定位及各项任务的载体，也是长江经济带战略规划的重点。其实质是以长江流域的"黄金水道"为核心，流域内各类要素在上中下游、东中西部跨区域有序地自由流动和优化配置。这意味着，新形势下长江流域作为长江经济带这一国家战略支撑与载体，其内涵已经超出水体单元、水系单元的范畴，发展成为一个相对独立的国土空间开发单元。

空间维度越大，潜在的作用源和变量随之增加的可能性也越大，这使得因果关系的厘清趋于复杂化[16]。将如此复杂的国土空间单元诸多要素，通过法律技术手段加以保护、开发与利用，厘清法律界限，难度不言而喻：如何界定"长江流域"这一个基石范畴，划定该国土空间开发单元边界，将所有涉水要素"全息投影"于立法文本，涉及长江流域内人地关系、人水关系等基础关系的识别与认知；如何将主体功能区规划、长江经济带发展规划纲要等政策与环境法律制度相衔接、实施，如何推动主体功能区规划法治化，如何通过立法解决主体功能区规划的性质、多规衔接、生态补偿、府际合作等问题[17]；如何依靠法治手段保障各类规划的编制实施，推动环境法所承载的生态保护和可持续发展的目的与各类规划的要求相吻合等，形成了长江流域立法的基本诉求。

2）法律的流域空间化

生态系统的空间维度、时间维度和复杂性，均对环境法的有效实施构成挑战。作为一个自然-社会-经济有机复合系统，长江流域面积广大，资源环境承载力与国土开发适宜性空间分异显著，地域功能类型丰富[18]。流域空间内国家的政治经济目标、地方需求目标、加快发展和谨慎保护目标交织在一起，不同目标对地域空间的分类认识差异较大；上中下游、左右岸、干支流等水情、民情与社情等较为悬殊，民众对立法需求、法律诉求各不相同。

长时空、大尺度、巨系统背景下的长江流域立法，承担了流域空间法治化的重任，法治国情与法治前沿兼具：保护、开发与利用过程中各种利益深层次的法律调整，流域治理体制机制的重构与整合，各种类型的权力与权力、权力与权利高密度冲突的配置与协调，支撑性制度的整合与创新，呼吁着立法的介入与调整。然而长江流域法律制度整体供给不足，流域立法创新不够，难以应对长江经济带新时期发展的战略定位和实际需要。随着长江经济带的建设和发展，长江流域内外经济之间、社会与生态环境之间、地区间和部门间、各涉水产业之间的用水矛盾日渐突出，关系协调和利益调整非常复杂，涉水纠纷日益涌现。各利益主体往往立足自身立场，将多元利益主张通过"法言法语"予以法律化的表达。但是现行的立法层级和立法模式，导致流域层次立法薄弱、制度间断裂和冲突严重，难以根本性地解决长江流域问题，必须通过综合立法，加强长江流域层次立法，根据长江流域的多要素性（自然、行业、地区），与社会、经济、文化等复合交融性等特点，充分考虑长江流域的生态系统与其他生态系统的关联性、生态环境与经济发展的同构性、流域治理开发保护与管理的特殊性，从制度上予以引导、规范和解决，以回应长江流域特殊的区位特征、特殊流域特性与特殊水事问题的现实需求[19]。因此，长江流域立法应当依照流域空间的规定性，按照主体功能导向、整体性、重点性、体现流域特色等原则，在共识性价值与原则指引下，差异化、有针对性地构建上中下游、左右岸、干支流等单元的法律制度。

三、流域法治：长江流域立法新法理的理论依归

（一）流域法治勃兴是各国流域治理的必然趋势

法律在地理空间维度上是多元的，且多元的法律之间存在相互冲突和融合的张力[20]。不同尺度的空间中弥散和充斥着不同的法律，它们构成一个个完整的、内在结构独立的法治系统与规范体系，支配着人们的行为，塑造着空间的秩序。

1. 世界范围的流域法治类型多样但规律共通

法治形态的多样性，回应着经济社会的复杂性与演进性，展示着法学研究的新视角与增长域。法治的叙事方式与研究视角日益与各区域、各行业乃至各学科结合，呈现出精细化、具体化与本土化特性，勾勒出不同的"地形"与"风貌"，展示出区域法治、基层法治等不同类型的"具体法治"[21]。由于环境法治实践对"时空有宜"律而非行政区划模式的遵循[22]，并没有适合所有环境的单一规则。以立法位阶高低为标准而型构法律渊源形式的传统做法在环境法中已不合时宜，而各级各类地方性的、循特定自然环境的特殊性而动的法律形式成为环境法治实践中更为有效的制度规范[23]。复杂系统背景下流域空间的立法研究，亟待流域法治的指引，针对流域空间特定问题予以理论构建和综合因应。

人类自古依水而居，沿水开发，各国流域多是经济繁华区、人口密集区。随着现代各国流域空间的迅猛发展，流域的功能更趋复杂，经济、社会与环境等各种功能之间的竞争加剧，依附于其上的多元利益冲突不断升级，迫切需要完整系统的制度性安排，以协调流域开发、保护与利用中可能普遍存在的流域功能与多元利益冲突，确定不同类型利益诉求的优先位序，建立保护利益诉求的基本规则和具体制度。流域水资源与国土空间、岸线、港口、航道、保护区等密切关联，引发了流域的上下游、左右岸、支干流、地表水与地下水等利益的冲突与矛盾，更由于流域管理体制的政出多门、相互分割，流域在生态保护、水资源配置、经济产业发展、污染防治等过程中呈现出差别较大的利益诉求，博弈激烈。水的自然流域统一性和水的多功能统一性，客观上要求按流域实效统一管理；完善流域立法是提升流域治理效果的重要路径。已有立法因仅关注特殊污染源、污染物的治理和水资源利用，未能形成有效的整体环境管理路径，导致流域遭受多样化累积性环境影响[24]。各国各流域立法，需通过流域内水情、民情与社情的辨识，以及流域立法实践的尝试，改革以往单项立法统一标准的制度框架，建立起凸显流域特色及综合治理的法律制度，以提升流域的综合治理效果。

2. 中国流域法治样态正在勃兴

现代社会的复杂性已经超越以往任何社会，自然资源领域更是面临着资源耗竭及生态环境灾害、人体健康威胁等诸多不确定风险，这种不确定风险在提出自然资源地域差异化立法需求之外，对珍视确定性及统一性，强调权力运行符合既定规则的法律治理也提出了更加严峻的挑战[25]。发现流域法治的内在生成与演化机理、法理基础，促进流域法治的良性实践，则可能生成更多的制度模式，为法治发展提供新机遇。我国流域法治栖息、生成于流域空间中，对流域尺度的法律治理，对流域公共产品的制度供给，必须尊重流域的自然、经济与社会属性，克服流域法治的障碍与困境，以法治思维与法治方法协调流域复杂的功能冲突与多元利益冲突，提升综合治理效果，实现流域的和谐发展。只有通过流域法治，才能为流域可持续发展立规矩、硬约束并提供法治保障，才能将我国流域发展的国家战略通过法律的制度化、规范化、程序化安排落到实处。通过法律制度合理配置行政权力、界定市场主体的权利边界，建立府际与区际协调机制、监管机制、交易机制、公众参与机制、纠纷解决机制等系统性、整体性运行机制，引领流域经济转型与社会和谐发展。

（二）长江流域法治是长江流域空间与抽象法治的化合结晶

世界范围内，流域已成为影响各国竞争力的重要因素。同样，流域在我国国家战略、国土空间布局与经济发展战略中的重要性不断彰显。伴随着社会经济的快速发展、累积性的环境污染、不合理的产业布局，流域性问题日益凸显。尽管各流域的特点不同，但流域资源环境问题均在整体上呈现出多样化、复杂化、全局化和长期化的特征[26]：流域水污染日趋严峻，流域性环境问题已呈复合污染态势；流域性环境突发事件不断发生，风险逐渐累积；流域环境质量和生态服务水平不断下降，生态修复和环境治理的任务长期而艰巨。尤为典型的是，长江经济带国家战略的实施、开发频率和强度的加剧，长江流域所涉及的利益范围更广、利益主体更多、博弈强度更高，生态与环境问题的严重性及流域管理的迫切性更突出，如果不及时应对，用法治的思维预防系统性的风险和危机，将可能引发严重的经济社会问题。鉴于此，我国环境法治尝试以流域为单元，予以相应的制度设计，奠定优化流域治理、推进流域法治的基调，对探讨各项水功能要素在流域内的优化组合与配置，优先试点建立流域环境综合管理体系，探索流域性环境保护体制改革，建立有法律约束力的流域协调机制等意义重大。而通过制定《长江保护法》来统一协调、统一治理，方可能在大规模开放开发前统筹规划，处理好开发利用和保护之间的关系，将生态文明建设贯穿于经济社会发展的全过程，以促进整个流域经济社会可持续发展。

（三）长江流域法治建设亟待转型与创新

遗憾的是，尽管"流域"一词高频闪现于水事治理的政策文件、法律法规中，但其法理基础十分薄弱。从已有经验来看，流域法治整体落后，对于如何实现流域、跨流域的生态文明建设协调统筹，始终缺乏充足的心理认同、切实经验与法治应对。

流域治理是最需要体现整体性、系统性思维的典型领域之一。流域问题的复合性、跨域性与横断性，使得流域治理往往穿梭、往复于生态逻辑、社会逻辑和经济逻辑之中：现行水事法律制度的整合与重构、环保新常态下产业结构的调整和转型、日益分化的利益冲突与博弈、现行体制机制的症结乃至整体治理模式的转型……相当程度上，流域治理考验着国家治理体系和治理能力。以问题集成为导向的流域治理，在不同层面上的连贯性——在流域保护、开发与利用等功能方面之间的横向连贯性，在不同层次、不同要素规范之间的纵向规范连贯性，必然导致内在的种种紧张与矛盾。按照流域的生态属性、经济特征与利益维度，构建多元共治的流域综合治理模式，提升流域的治理能力与水平，寻求流域法治的综合应对，是人类尊重自然规律、尊重科学、尊重历史，实现人水和谐的必然要求。目前相关立法存在诸多弊端：各学科知识整合不足，规范零散割裂；污染防治和资源保护二元对立格局长期对峙乃至固化；在国家立法和地方立法之间，中观层面的流域立法极为薄弱，不能适应流域综合治理的趋势需要；对于水资源保护、开发、污染防治等功能的综合决策与一体化管理尚未实现，内在矛盾较为突出等。以流域为突破口，准确把握长江流域以水为核心的生态特征，系统性地应对水污染治理、水生态修复与水资源保护等问题，构建长江流域法治，将是生态文明法治建设的重要支撑。

转型中国的法治演进，呼唤着法学理论的创新。中国的环境法学面临着从"外来输入型"到"内生成长型"的转变，这种转变的前提是环境法的基础理论必须建立在中国的生态文明发展道路、生态文明建设理论、生态文明体系逻辑之上[27]。"野蛮生长"的流域、流域法治等法律现象，正行进在从边疆、边缘走向法治中心地带的路途上。流域问题一旦进入法律的视野，即成为环境法学、行政法学乃至法理学研究的热点问题。长江流域立法作为一个具有丰富理论和现实需求的重大问题，涉及政治体制、决策机制和法治的一系列变革，涉及国家发展战略的落实与复杂多元利益的考量，涉及流域治理体制机制的优化与选择等。随着经济社会的发展，长江流域在国土空间格局管控、水资源合理配置、经济产业聚集及社会治理水平优化的示范作用将会愈发突出，自然要素、经济社会要素、管理要素与法律要素相互叠加的长江流域将成为深化改革的"实验区"、社会治理的"样本区"、经济转型的"驱动力"及环保法治创新的"突破口"。如果能在长江流域立法开创中国经验与中国叙事，必然反哺整个法治系统，成为社会主义法治系统变革的增长点和创新点。

参 考 文 献

[1] 景天魁, 张志敏. 时空社会学: 拓展和创新[M]. 北京: 北京师范大学出版社, 2017: 7.

[2] 朱垭梁. 法律中的空间现象研究[J]. 湖北社会科学, 2015(8): 137.

[3] SARAH B, DAVID S. Law, boundaries and the production of space[J]. Social&legal studies, 2010, 19(3): 275-284.

[4] 卢曼. 法社会学[M]. 宾凯, 赵春燕, 译. 上海: 上海人民出版社, 2013: 187-202.

[5] 洪名勇. 生态经济的制度逻辑[M]. 北京: 中国经济出版社, 2013: 72.

[6] 袁瑛. 河流是一个完整的社会-经济-自然复合生态系统[J]. 商务周刊, 2007(9): 37.

[7] 凌维慈. 城市土地国家所有制背景下的正义城市实现路径[J]. 浙江学刊, 2019(1): 14-15.

[8] 陈延辉. 现代环境法发展的维度思考[J]. 中山大学学报(社会科学版), 2004(1): 12-121.

[9] 卡尔·拉伦茨. 德国民法通论[M]. 王晓晔, 邵建东, 程建英, 等, 译. 北京: 法律出版社, 2004: 268.

[10] 吕忠梅. 环境法律关系特性探究[C] // 秦天宝. 环境法评论. 北京: 中国社会科学出版社, 2018: 7.

[11] 吕忠梅. 环境法原理(第二版)[M]. 上海: 复旦大学出版社, 2017: 124-135.

[12] 范小伟, 刘颖. 对河道采砂管理供给侧改革的思考[J]. 中国水利, 2018(8): 11-13.

[13] 朱垭梁. 法律的空间意象性[M]. 北京: 法律出版社, 2017: 216-227.

[14] 秋缬滢. 以最严管控提升生态空间规模质量[J]. 环境保护, 2018(1): 17.

[15] 王传胜, 方明, 刘毅. 长江经济带国土空间结构优化研究[J]. 中国科学院院刊, 2016(1): 81.

[16] 理查德·拉撒路斯. 环境法的形成[M]. 庄汉, 译. 北京: 中国社会科学出版社, 2017: 20.

[17] 宋彪. 主体功能区规划的法律问题研究[J]. 中州学刊, 2016(12): 43.

[18] 唐常春, 刘华丹. 长江流域主体功能区建设的政府绩效考核体系建构[J]. 经济地理, 2015(11): 37.

[19] 吕忠梅, 陈虹. 关于长江立法的思考[J]. 环境保护, 2016(18): 36.

[20] 朱垭梁. 法律的空间意象性[M]. 北京: 法律出版社, 2017: 74.

[21] 郝铁川. 追求有中国特色的类型法治[N]. 法制日报, 2014-12-10(7).

[22] 杜群. 规范语境下综合生态管理的概念和基本原则[J]. 哈尔滨工业大学学报(社会科学版), 2015(4): 26.

[23] 郭武. 论中国第二代环境法的形成和发展趋势[J]. 法商研究, 2017(1): 91.

[24] 郑雅方. 美国流域治理法律制度发展述评[J]. 法制与社会, 2017(24): 20.

[25] 宦吉娥, 谈西润, 王艺. 地方性法规立法特色的实证研究[J]. 中国地质大学学报(社会科学版), 2017(2): 60.

[26] 王毅, 于秀波, 王亚华. 改善流域环境质量: 体制改革与优先行动[J]. 环境保护, 2007(14): 43.

[27] 吕忠梅. 新时代环境法学研究思考[J]. 中国政法大学学报, 2018(4): 9.

多元共治视阈下的三峡清漂长效机制研究*

熊晓青

2003 年 6 月，三峡水电站蓄水发电后产生大量漂浮物，危及大坝机组正常运行及航运安全且破坏长江水生态环境，故有必要专门清理。同年 11 月，国家环境保护总局提出《三峡库区水面漂浮物清理方案》（以下简称《方案》），此后三峡库区漂浮物清理（以下简称"三峡清漂"）工作逐渐常态化。三峡清漂属长江流域环境治理，应当实现由政府"单维管制"到"多元共治"的体制机制的转变[1]，不能简单沿袭传统的国家管理的模式，而应实现包含政府在内的各方主体平等参与、协商互动、共同发挥的作用[2]。唯有如此，才可谓三峡清漂长效机制的真正建立。基于此，本文将以三峡清漂为研究对象，试图从多元共治角度解读其中政府、市场、社会公众等主体的参与及作用，分析其中困境并探究成因，最后结合即将制定的《长江保护法》提出相应对策。

一、三峡清漂中多元共治的理想图景

环境治理属公共事务治理，单一性主导的治理模式难以有效解决环境问题，治理主体"多元化"成为环境治理新范式[3]。十九大报告提出"构建政府为主导、企业为主体、社会组织和公众共同参与的环境治理体系"，是环境治理中多元共治的核心要义，其强调治理主体的多元性、治理依据的多样性及治理方式的多样性，力图促进政府、市场与社会公众的协同合作、共同参与环境治理。具体而言，是指通过政府与民间的合作，公共部门与私人部门的合作，法律规范与社会规范的合作，强制性法律规范与指导性法律规范的合作，行政监管手段和市场激励手段等私法手段的合作，拓展环境治理手段，优化政府环境治理活动，推进生态环境治理体系和治理能力的现代化建设，形成长效有序的生态环境治理体系[4]。

*作者简介：熊晓青，博士，华中农业大学文法学院副教授，主要研究方向为环境法学。

基金资助：本文系教育部人文社会科学重点研究基地重大项目"生态文明与环境治理机制变革研究"（项目批准号：19JJD82005）、研究阐释党的十九大精神国家社科基金重大专项课题"新时代生态环境监管体制的法治创新研究"（项目批准号：18VSJ039）、中央高校基本科研业务费专项资金资助项目"乡村生态振兴中的软法治理研究"（项目批准号：2662018PY067）的阶段性成果。

文章来源：《中国人口·资源与环境》2019年第10期，本文已经作者及期刊授权出版。

对于三峡清漂，可做如下递进式考察：首先从外在形式上看三峡清漂中是否已形成多元主体参与治理的基本格局，即能力强弱有别的政府、市场、社会公众等主体是否各在其位、各司其职；其次从内在实质观察多元主体之间能否从不同方面协调合作以真正形成合力而实现善治目标。进一步从权力、权利与责任角度探讨，则是考察三峡库区漂浮物治理能否达成"权力—权利"适度平衡与"权力—权力"合理配置。"权力—权利"适度平衡意味着三峡清漂并非以弱化权力为目标，而是更强调权利行使；三峡清漂仍以政府为主导，只不过应更大程度地发挥市场主体的作用，更加强化社会公众的参与。三峡清漂中"权力—权力"的有效配置，则关系不同层级、不同部门、不同类型之间权力的合理分配与运行。而只有在"权力—权利"适度平衡、"权力—权力"合理配置的前提下，才可能使权力（利）与责任相统一，并促成多元主体积极落实责任，实现合力共治。

二、三峡清漂中多元共治的实践样态

（一）三峡清漂中的政府、市场与社会公众

2003 年《方案》提出以来，三峡清漂具体由重庆、湖北两地政府及相关部门和中国长江三峡集团有限公司（以下简称三峡集团）共同完成，其后又有其他企业、基层自治组织、科研机构及普通公众的加入，实践中有一定成效。

根据《方案》及实践，三峡清漂涉及多个中央部委，原国家环境保护总局会同国家发展和改革委员会、原建设部、原交通部、原三峡工程建设委员会办公室加强管理和监督，财政部、原监察部等也承担相应职能。重庆市、湖北省负有清漂职责的各级政府及相关部门承担各行政区域内支流水面漂浮物的清理责任，其中湖北省集中于三峡工程坝上库首秭归县。此外，重庆市、秭归县人民政府还受三峡集团委托，承接部分干流漂浮物清理工作。实际中，清漂牵头组织实施单位不尽相同，重庆市为环卫部门，秭归县则为生态环境部门。船舶垃圾接收、处置及监管则由交通部门、建设部门负责。

依原因者负担原则[5]，作为开发利用主体的三峡集团直接负责坝前水域和干流清漂工作，并负担库区内相应的清理打捞、后期处理等费用，部分干流水面漂浮物打捞则委托有关单位进行；由于其自身清漂能力与经济实力较强，实际中发挥作用较大。此外，地方清漂负责部门也可委托具有资质的清漂公司完成指定区域的清漂工作。打捞物则交由固体废物资源化企业进行后期处理，目前三峡库区已实现"减量化、无害化、资源化"的处理。

基层自治组织也会参与地方清漂工作，如某些行政村受地方生态环境部门委托实施清理打捞，但参与人员少、经费少、清漂设施较简陋，其作用还不显著。普通公众通常以组成"清漂队"的形式参与，也有民间志愿者自发参与。科研单位也有不小贡献，如长江科学院水力学研究所提出一体化漂浮物治理方案等。但目前尚未查询到非政府组织（Non-Governmental Organizations，NGO）直接参与三峡清漂的信息。

（二）三峡清漂中的多元共治：格局初步形成

迄今，每年三峡清漂任务完成状况较好，未曾出现因漂浮物聚集而致大坝受损或影响航行的情况。以外在形式观之，政府、市场与社会公众等都能够参与三峡清漂，多元参与治理基本格局已初步形成。

1. 央地事权分配，部门各履其职

三峡清漂中政府发挥了主导作用，形成了中央重于领导、地方分级负责、部门职权分配的治理层次。三峡清漂涉及大坝及航运安全，中央、地方均较为重视，各层级、各部门都能尽力完成任务；特别值得一提的是重庆、湖北两地的各级地方政府及相关部门履职良好。此外，两地都针对三峡清漂出台了相关规定：尤其是重庆市，制定了《重庆市长江三峡水库库区及流域水污染防治条例》《重庆市市容环境卫生管理条例》等地方性法规及《重庆市城市水域垃圾管理规定》等地方性规章，其中都有涉及三峡清漂的规定；此外还发布了专门针对三峡清漂的规范性文件，如《关于进一步做好三峡库区水面漂浮物清理工作的通知》等。这种通过地方立法分配地方事权、细化地方责任的经验值得在整个长江流域推广。

2. 市场机制运作，企业有意担责

三峡清漂中企业担责能力较强，发挥相当的主体作用。首先是三峡集团能够积极且较为充分地承担环境社会责任，是三峡清漂多元共治中的核心力量。一方面，三峡集团有较强的"经济人"属性，完成清漂工作主要出于维护三峡大坝机组运行及航运安全的需求；另一方面，作为国内顶尖的能源企业，其有相当的意愿来承担长江流域生态环境保护的社会责任，同时具备较强的"生态人"属性。其次则是其他环保企业，三峡清漂中专业清漂公司发挥一定作用，表明政府可以通过向环保企业购买服务的方式来分解任务、分担压力；而固体废物资源化企业能够充分实现"三化"处理则表明只要改进环保技术、加大环保投入就可以解决问题，而这既依赖于企业自身创新与进取，也需要政府给予更多支持。

3. 社会公众在场，数方参与显效

普通公众能自发参与三峡清漂，表明当下中国普通公众已具相当环保意识，对于与之自身生存、生活休戚相关的长江保护，其有意愿参与治理。科研机构作用显著则表明科技创新对于环境治理极有裨益，应当加大科研投入、鼓励技术进步。此外，长江沿岸城市及农村社区、环保团体的作用并不凸显，但这恰好也说明作为基层自治组织的城市、农村社区，以及作为公众参与环境治理核心力量的环保团体在三峡清漂中还能有更大作为。

三、三峡清漂中多元共治的困境及其成因

（一）三峡清漂中多元共治的困境：善治远未实现

由于漂浮物运动的复杂性及治理的困难，三峡库区清漂效果有限，在汛期三峡坝前仍然经常出现大面积漂浮物聚集[6]。如此看来，每年清漂都是在"出问题"的情况下致力于"暂时解决问题"，实际治理效果并不尽如人意，可见三峡清漂中政府、市场与社会并未处于最佳共治状态，即"善治"目标未能实现，以下详述之。

1. 责任落实不够，浅治并非根治

三峡清漂中，清理打捞只是一个"治标不治本"的环节；如要实现三峡库区漂浮物问题的"根治"，核心应是于前端尽可能减少漂浮物且于后端进行有效、合理的处置。因此，以"根治"为目标，三峡清漂中的多元共治范围就应拓展至漂浮物"源头管控—清理打捞—后期处理"的整个过程。《中华人民共和国固体废物污染环境防治法》（以下简称《固废法》）第三条规定："国家对固体废物污染环境的防治，实行减少固体废物的产生量和危害性、充分合理利用固体废物和无害化处置固体废物的原则，促进清洁生产和循环经济发展。"第十七条规定："禁止任何单位或者个人向江河、湖泊、运河、渠道、水库及其最高水位线以下的滩地和岸坡等法律、法规规定禁止倾倒、堆放废弃物的地点倾倒、堆放固体废物。"《中华人民共和国水污染防治法》第三十四条和三十七条分别规定禁止向水体"排放、倾倒放射性固体废物"和"排放、倾倒工业废渣、城镇垃圾和其他废弃物"，第三十八条则明令"禁止在江河、湖泊、运河、渠道、水库最高水位线以下的滩地和岸坡堆放、存贮固体废弃物和其他污染物。"由是观之，既然是"应当"实现"三化"（减量化、无害化和资源化）、"禁止随意排放、倾倒、堆放"，理论上如果"岸上"管控完全有力、执法足够严格、后期处理十分到位，那么并不会有大量固体废物"下河"。此外，根据《关于全面推行河长制的意见》，《中华人民共和国水污染防治法》第五条"省、市、县、乡建立河长制"、第六条"国家实行水环境保护目标责任制和考核评价制度"和第九条关于水污染防治监督管理体制的规定，即便有固体废物"下了河"或在"河下"产生，地方政府及党政负责人也应当依法依规履行水污染防治职责，清理"下了河"及在"河下"产生的固体废物。可见，如果单纯以固废管控和水污染防治而言，现有《固废法》《中华人民共和国水污染防治法》及相关规定基本能够形成"闭环"；如果"闭环"制度可被较好执行，也就可能不存在三峡清漂事宜或者说大大降低三峡清漂工作量。而这显然与每年三峡库区漂浮物"肆意漂浮"且必须投入大量人力、物力进行清漂的事实不符：近年来漂浮物清理量总体较三峡大坝运行前期有大幅度下降，但2009年以后的数据并未呈下降趋势也不稳定，具体可见图1。由此可以推论："闭环"制度并未得到有效执行，固体废物管控与水污染防治责任落实并不到位。究其原因，是由于固体废物不是从同一"岸上"到"河下"，长江流域的水流动特性使得漂浮物一直处于运动状态，可能从"此岸上"到"彼河下"，甚至"他河下"，

因此对于地处三峡库区及其上游的"岸上"责任主体而言，就有可能产生固体废物管控与后期处理的懈怠，毕竟漂浮物可随"大江东去"而使得追责困难且将水污染防治的责任转移他处，因此部分原本应对漂浮物治理承担责任的主体并未或并未充分承担责任。此外，就漂浮物清理而言，三峡库区所设清漂点有限且每个清漂点的清理能力并不相同，也就意味着部分主体无法参与或者不能充分进行漂浮物清理打捞，自然不能"根治"漂浮物问题。

图 1   2003～2017 年三峡库区坝前漂浮物清理量

数据来源：2003～2016 年《长江三峡工程运行实录》及 2017 年《三峡集团环境保护年报》

2. 统一监管缺失，暂治未能长治

根据《方案》，多个部门都在三峡清漂中履行管理和监督职能，然而真正的统一监管机构却并不明确。实际上，国务院原三峡工程建设委员会办公室以往在三峡清漂中"露面"并不多；2018 年国务院机构改革中，其被并入水利部，对三峡清漂继续履行监督管理职责就不再可能。从三峡水库的水库性质来看，其应由水利部管理，水利部下设的三峡工程管理司则主要负责三峡工程运行事项与后续工作，但不参与三峡清漂。依《中华人民共和国水法》规定，水利部长江水利委员会是长江流域管理机构，承担流域综合管理职能，但由于其是水利部的派出机构，级别、职权有限，难以协调具备涉水事权的中央各部委及具体负责的地方政府；具体到三峡清漂，仅有下设的长江三峡水文水资源勘测局负责三峡清漂中的监测与监理工作，水利部长江水利委员会在三峡清漂中并不能发挥流域管理机构的作用。从漂浮物清理性质上属水污染防治来看，又应当归于生态环境部门监管；实际中生态环境部门贡献较大，包括提出《方案》、负责长江沿岸固体废物的管控，以及承担地方清漂工作等。但生态环境部门履职仍存在以下问题：其一，根据"环保不下河，水利不上岸"的传统，其对于"河下"事项的管控显然不如"岸上"有力；其二，即便考虑省级以下生态环境部门即将实现垂直管理体制，且因生态环境保护综合行政执法改革而具备流域水生态环境保护执法权，其履职恐怕还是更多强调"区域"而非"流域"。此外，部分地区主要是重庆市所辖打捞点又是由环卫部门负责具体清理打捞工作。表面上看，职权不清对各清理打捞点的影响都不大，各"点"都能够基本完成工作；但实则可能造成整个三峡库区清漂监督管理机构缺位、各地组织实施部门

不同而职权责任有差异等问题。此外，重庆、湖北两地职能部门履职较为良好，但也是各自治理而协作极少。各地在清漂工作中未形成联动机制，不仅是重庆、湖北两地之间，甚至在重庆市内部也都是各自为政、分别执行，但漂浮物本身是顺流而下的，上游清漂点如若不能充分打捞，则会给下游各点增加压力，并有可能将压力积至坝前。因此，各地协作机制欠缺实际上极有可能造成尽责力度不够、工作效率不高等问题。

3. 市场、社会公众乏力，分治难达合治

一方面，三峡清漂中市场主体的经验可供参考但不易复制，且难被界定为真正的市场机制。首先，三峡大坝的特殊地位决定了三峡清漂所受重视程度，三峡集团的强大实力又为三峡清漂提供了可靠的保障，这些都是显而易见的优势；但也带来另一担忧，即并非所有企业都有三峡集团这样的担责能力与环保意愿，更不是所有企业都具有类似维护三峡大坝的强动因，由此而言，三峡清漂中市场主体积极担责的经验似乎较难复制。实际来看，三峡集团的国有独资企业背景也使得其参与三峡清漂的"市场"性质变弱。其次，专业清漂公司、固体废物资源化企业这些环保类市场主体也都是以中央、地方人民政府与三峡集团投入大量经费、提供政策优惠等方式来予以保障的，一旦缺乏政府与三峡集团的大量投入与诸多支持，其能否开拓市场还未可知。尤其是三峡清漂中的专业清漂公司，常常会有人力、物力、财力等多方面的问题，加之外部政策、资金支持也并不完全稳定及连续，因此这类公司的实际运营还比较艰难。

另一方面，三峡清漂中社会、公众主体虽有参与，但无论是从参与形式还是参与内容上来看都显得乏善可陈。首先，三峡库区内并未建立起完备的生活垃圾分类及处置制度，无论是城市社区还是农村地区的基层自治组织在固体废物源头管控中所能发挥的作用都还较为有限；从漂浮物的清理打捞来看，基层自治组织的参与并不普遍，即便参与也常受限于其极为不足的清漂能力。其次，NGO 在漂浮物清理打捞环节的直接参与几乎无迹可寻，当然这可能是因为三峡清漂依然是以政府为主导展开的，加之三峡集团在其中作为核心力量承担较大的责任，而 NGO 通常并不具备清漂所需要的设备与能力而不得不"缺席"；但除此之外，与漂浮物治理相关的其他公共事务中，NGO 的参与也显不足，如在长江流域开展相关环境宣传教育较少，也几乎难见其能提供漂浮物治理的技术与项目支持。最后，普通公众对漂浮物治理的关注度并不高，同时也缺乏参与三峡库区漂浮物治理事务的多种渠道。

综上，三峡清漂中政府、市场、社会公众等多元主体虽都未"缺席"，但各方自身都还存有问题，实质上还未达到多元共治所强调的"政府、市场、社会公众协同合作"的核心要求，即离真正的"共治"还有一定距离。

（二）三峡清漂中多元共治困境之成因

1. 权力—权利：力量悬殊，互动不良

如前所述，三峡清漂中政府依然是最为主导的力量，这无可厚非，毕竟"由于存在公地悲剧，环境问题无法通过合作解决……所以具有较大强制力权力的政府的合理性，是得到普遍认可的。"[7]只不过环境权力的良性运行,需要在权力制衡和权利制衡两种最基本的制衡机制的基础上,以多元主体的合作共治加以保障[8]。三峡清漂属流域水污染防治事务,具有明显的负外部性特征,解决环境污染的"传统智慧"是采取国家逻辑或市场逻辑,即通过政府强力管制或者市场经济刺激来解决问题。由于政府失灵与市场失灵存在,现代环境治理开始转而寻求新的"智慧",因而多中心逻辑被提出[9]。多中心逻辑谋求主体多元,寻求合作共治:"谋求"要求在国家与市场之外寻求新力量参与环境治理,随着社会组织的崛起与公民意识的提升,社会公众步入环境治理场域且其动能日益增强;"寻求"则需要国家、市场与社会公众在各自清晰定位与厘清自身权力(利)义务的基础上,形成合作治理机制。从国家与市场逻辑转向多中心逻辑的"谋求"与"寻求"过程,需要权力的适度"示弱"与权利的逐步"示威":"示弱"要求权力主体放下"身架",转而尊重权利诉求、倾听权利表达、畅通权利救济;"示威"则需要权利主体提高"音量",通过更多渠道与方式进行更为充分、有效且合理的权利表达,维护自身权益与社会公共利益。对国家而言,面对一个多元权威并存的治理体系,其首先要承担起"元治理"的角色。所谓"元治理",是"治理的治理",旨在对国家、市场、公民社会等治理形式、力量或机制进行一种宏观安排,修正各种治理机制之间的相对平衡[10]。如此,政府应当实现从全能政府到有限政府,从管制型政府到服务型政府,从领导型政府到引导型政府的转变。对市场、社会公众而言,则应当依据各自特性发挥效能;尤其是作为权利主体代表的社会公众,其能否参与环境治理、参与程度如何、参与方式是否多样、参与效果可否显现,成为环境治理中多元共治的重要内容。而从三峡清漂的实际情况来看,显然"多元"已达,而"合作"未至(图2),在"源头管控—清理打捞—后期处理"的整个过程中政府都是主要责任主体,履职情况较好,发挥着无可替代的最重要作用,但其更强调领导而非引导,更多采取硬性管制而非柔性监管;而三峡集团与其他环保类企业虽也依循市场逻辑一定程度参与漂浮物治理,但还不是真正基于市

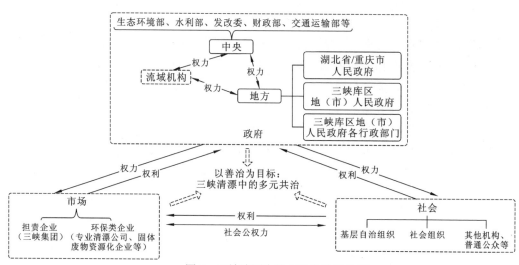

图2 三峡清漂中的多元共治结构图

场运作；尤其社会公众，虽有部分力量参与三峡清漂，但总体来看，环境保护社会组织几近"失语"，公众民意表达也几乎"静音"。可见，三者之间力量差距较大，权力主体"示弱"不足，权利主体"示威"不够，"权力—权利"适度平衡还未达成。在"权力—权利"力量显著失衡的大背景下，要求两者之间有效沟通与良性互动就近乎奢谈。三峡清漂中，也确实缺乏两者沟通与互动的基础，如三峡库区漂浮物信息公开并不充分，与清漂相关的法律规范的制定与实施、三峡清漂具体事务的决策、漂浮物污染所致公益的受损等都还缺乏社会公众参与机制的应对。

2. 权力—权力：配置欠妥，制衡不足

多元共治环境权力的配置与运行模式主要表现为"分部—分权"为特征的层级节制的权力体系。横向为政府部门之间、政府部门与市场主体、社会主体之间的权力分配，纵向则为中央人民政府与地方人民政府之间的权力分配。三峡清漂中同样如此。

从横向权力配置与运行来看，如前所述，三峡清漂中部门之间的权力分配比较清楚，主要问题是缺乏统一监管机构而致部门间统筹协调不足。而政府部门通过购买服务等方式将一部分漂浮物治理事务交由市场主体完成，但总体来看市场主体所承接的漂浮物治理事务还远远不够。此外，社会行使公权力明显不足，基层自治组织在三峡清漂中还未能发挥其应有作用，社会组织对三峡清漂的关注度也相对不高。总体而言，社会公权力并未得到有效配置。

从纵向权力配置与制衡来看，三峡清漂暂只涉及中央与地方间的关系。如仅考察漂浮物清理打捞环节，中央与地方权力分配相对清晰，中央重于领导、地方负责执行，但中央对地方权力制衡并不显著。在漂浮物源头管控及后期处理环节，中央对地方则态度"坚决"与"强硬"："坚决"表现在中央及地方长期以来对三峡库区固废控管都极为重视，对库区内固体废物处置也有较高要求，监管相对严格并且给予了多方面（包括财政、政策）的支持等；"强硬"则表现为近年来中央部委对地方的强势监管，如生态环境部开展了长江经济带固体废物大排查、"清废行动"等一系列专项行动，水利部开展了长江经济带 11 省（直辖市）的固体废物清理整治行动等，此外还有近年持续进行且已制度化的中央环境保护督察，其也涉及长江流域固废管控与水污染防治。在强化"督政"、坚持"督企"的背景下，中央对地方、上级对下级的监管整体上都较为严格。但其中产生如下几层问题。第一，中央对地方的制衡倚赖于不少"运动式执法"，其是否具有长期的实际效果还需时验证。第二，"中央—地方"的二级权力结构并不符合三峡清漂现实：从空间上看，三峡库区是长江流域的一段；从性质上看，清漂工作是流域水污染防治工作的一部分内容，因此本质而言其权力结构应当为"中央—流域（库区）—地方"三级，但由于流域统一管理缺位，也没有流域立法用以分配流域权力，因而纵向权力配置有所缺失，三峡库区漂浮物治理事宜难被有效统筹处理。

由此，三峡清漂中出现权责对应不一、责任难以落实就"顺理成章"。为实现三峡清漂的"善治"，应当致力于"权力—权利""权力—权力"更加平衡与更为制衡，需要从政府、市场、社会公众等不同面向分别施力、予以完善。

四、以多元共治实现推动三峡清漂长效机制的建立

（一）建网络，厘清多元主体权力（利）责任

三峡清漂中多元共治难以充分实现，乃是由于"岸上"与"河下"难以联结，部分主体缺位未能担责及多元主体无法合力。究其根本，则是权利与权力、权力与权力、权力（利）与责任之间关系未能理顺。三峡漂浮物治理属典型流域水污染治理，可通过网络的方式来配置中央人民政府、地方人民政府、非政府组织和企业与个人之间的权力（利）和责任，使得各方面合力得以发挥。而网络构建需要明确稳定的法制支持及严格有效的法律实施。就三峡清漂中多元共治的实现来说，首先是进一步督促漂浮物"源头管控—清理打捞—后期处理"整个环节中的权力与权利主体进一步担责履职，其实质则是已有"涉水四法"、《固废法》及相关规定的严格实施。其次则是解决库区层面事权缺位的问题，由于三峡清漂是整个长江流域水污染防治的"区段"问题，从流域空间角度来看，在流域层面回应是更有效率的选择，因此可以通过长江流域专门立法（《长江保护法》）来"沟通私法与公法、协调私权与公权"[11]，在其中明确流域事权，以此为基础将三峡清漂的统筹协调事宜纳入其范围，使原本不能在长江流域形成协作的多元主体真正形成合力而达到"共治"。最后则是进一步增加或细化地方立法，特别是就三峡清漂事项形成更有针对性、更具实效的地方立法，通过地方立法有效配置地方事权、促进地方落实清漂责任。

（二）明事权，归口专门机构统一监管

三峡清漂中之所以出现"分而治之"状况，归根结底，是受"强区域、弱流域"与"多龙治水"的长江流域治理格局之困。如前所述，现有形式上的流域统一监管机构——水利部长江水利委员会实际上不能担负重责，因此应当考虑设置行政级别较高且能够真正承担长江流域统一监督管理职能的专门机构。当然，从机构设置的效率与成本考虑，可以以《长江保护法》的制定为契机，将水利部长江水利委员会"升级"为直接隶属于国务院的、负责整个长江流域的综合决策和事务协调的统一监督管理机构，赋予其在长江流域内规划协调、资源开发利用行动协同、流域生态安全监督等职权[12]。如此一来，这一长江流域的统一监督管理机构也当然负责协调、监管三峡清漂事项；更进一步来讲，可在其中再设长江流域水污染防治部门，并将三峡清漂纳入其职权范围，从而统筹三峡清漂中应该由其负责的事宜，比如牵头出台新的三峡清漂方案、协调跨区域的漂浮物治理事务等。

（三）强监管，促进政府部门有效主导

三峡清漂中政府依然是最为核心的力量，但这须以明晰政府间事权为基础。首先，应当进一步加强中央对地方的监管。对中央而言，更应当重视的是如何对长江流域各地方进行更为有效的"督政"，从目前来看，已经开始的第二轮中央环境保护督察、长江

流域内河长制的全面推行、生态环境部的约谈制度，都将进一步促进中央对地方的有效"督政"；生态环境部的"清废行动"、水利部的"长江经济带固体废物清理整治专项行动"等，虽然可能具有短效性，但也不失为中央对地方进行"督政"的重要手段。其次，在《长江保护法》明确了长江流域统一监督管理机构后，其应当能够对三峡库区地方漂浮物治理情况，甚至是整个长江流域的漂浮物治理情况进行监管；《长江保护法》中也应建立政府考核制度、流域约谈制度等，将漂浮物治理情况纳入考核范围，赋予长江流域统一监督管理机构能够在地方漂浮物治理不佳的情况下约谈地方政府及相关负责人的权限。最后，应当进一步厘清部门与部门之间的职权范围。长江流域"多龙治水"格局有其合理性，各部门在权限范围内行使职权，但应当建立执法联动机制。考虑省级以下生态环境机构监测监察执法垂直管理即将实现，而《关于深化生态环境保护综合行政执法改革的指导意见》又明确了要整合环境保护和国土、农业、水利等部门相关污染防治和生态保护执法职责组建生态环境保护综合执法队伍，因此长江流域水生态环境保护执法权将主要由生态环境部门来行使，其中当然包括与三峡清漂相关事项。

（四）增动能，激发市场主体积极发力

就市场主体而言，一方面应当促使长江流域内依据原因者负担原则需要承担相应责任的市场主体更为积极主动地承担长江流域环境保护的社会责任，根据三峡清漂中的经验，类似于三峡集团这样担责能力较强的企业，应当进一步鼓励其加大漂浮物治理投入、研发并采用漂浮物治理的新技术与新设备等；而对于担责能力较弱的企业，也不应当忽视其基本环境保护社会责任的承担。另一方面对类似于三峡清漂中的专业清漂与固体废物资源化企业的环保类企业，由于其作用发挥与政府是否购买服务、是否给予足够经费支持、是否有相应政策密切相关，应当以制度设计来予以明确。具体而言，应当在《长江保护法》明确这些企业能够享有财政、税费、价格、信贷等多个方面的优惠政策与支持。当然，《长江保护法》中的制度设计并不直接针对与三峡清漂有关的市场主体，但通过所涉范围更广的原则性规定来明确市场激励机制，才能进一步使得环保意愿有差、担责能力有别的各类市场主体在其应有范围内发挥其最大效能。此外，为发挥企业在漂浮物治理中的主体作用，可以由政府和企业或行业组织签订自愿性环境协议，在自愿协商的基础上以协议的形式确定环境目标，促使企业履约，发挥"软法"手段的优势[13]。

（五）拓广径，推动社会公众实质参与

就社会公众而言，其参与长江流域治理本就有其天然优势，这是因为"公共池塘资源占用者生活中的关键事实就是，只要他们继续合用同一个公共池塘资源，他们就处在相互依存的联系中"。《长江保护法》可以对社会公众中不同主体进行引导使其进一步参与长江流域漂浮物治理。对于发挥长江沿岸各行政村或居民社区的作用而言：一来应提供资金、设备及技术支持让其承担更多的长江流域漂浮物治理任务，可以在《长江保护法》中明确其开展长江保护生态环境保护宣传教育、负责责任水域日常保洁与巡查等工作的义务；二来应当充分发挥其基层自治组织的功能与作用，在《长江保护法》中要

求以制定村规民约或居民公约等自治规则的形式来保护长江，在其中设计有关水域保护义务、垃圾分类与处理等条款。再以 NGO 而言，虽然目前三峡清漂中没有 NGO 的直接参与，但是如果从整个长江流域来看，NGO 参与长江流域环境治理还有极大的拓展空间，一来是可以通过近年颇为引人关注的环境公益诉讼来参与长江流域治理，这样也应当考虑明确长江流域专设环境资源法庭或至少交由一些专门的环境资源法庭来审理长江流域的环境案件；二来应当积极拓展 NGO 参与长江流域漂浮物治理的领域，诸如开展长江流域环境宣传教育活动、提供漂浮物治理科学技术支持与具体项目支持、投入漂浮物治理资金等。就普通公众而言，应给其提供更多的有关长江保护的环境教育，加大长江流域漂浮物及其治理情况的信息公开，鼓励普通公众对在长江流域倾倒固体废弃物的行为进行监督举报，并提供更多途径使其参与长江流域漂浮物治理有关事务的决策与实施。

参 考 文 献

[1] 吕忠梅, 陈虹. 关于长江立法的思考[J]. 环境保护, 2016(18): 37.

[2] 罗豪才. 为了权利与权力的平衡: 法治中国建设与软法之治[M]. 北京: 五洲传播出版社, 2016: 166.

[3] 张文明. "多元共治"环境治理体系内涵与路径探析[J]. 行政管理改革, 2017(2): 31-35.

[4] 孟春阳, 王世进. 生态多元共治模式的法治依赖及其法律表达[J]. 重庆大学学报(社会科学版), 2019(6): 2-3.

[5] 汪劲. 环境法学[M]. 北京: 北京大学出版社, 2018: 57-61.

[6] 蔡莹. 改变三峡库区清漂方式　助力长江大保护[N]. 人民长江报, 2018-09-15(5).

[7] [美]埃莉诺·奥斯特罗姆. 公共事物的治理之道[M]. 余逊达, 陈旭东, 译. 上海: 上海译文出版社, 2012: 11, 45.

[8] 史玉成. 环境法的法权结构理论[M]. 北京: 商务印书馆, 2018: 8, 13.

[9] 李文钊. 国家、市场与多中心: 中国政府改革的逻辑基础和实证分析[M]. 北京: 社会科学文献出版社, 2011.

[10] 陈海嵩. 国家环境保护义务论[M]. 北京: 北京大学出版社, 2015: 29.

[11] 吕忠梅. 寻找长江流域立法的新法理: 以方法论为视角[J]. 政法论丛, 2018(6) : 76.

[12] 刘超. 《长江法》制定中涉水事权央地划分的法理与制度[J]. 政法论丛, 2018(6) : 90.

[13] 王树义, 赵小姣. 长江流域生态环境协商共治模式初探[J]. 中国人口·资源与环境, 2019, 29(8) : 36.

论长江流域政府间事权的立法配置*

刘佳奇

理论上，事权虽然是一个相对宽泛的概念范畴，但其核心内涵无疑是政府的行政事权[1]。或言之，事权是政府行政权力的具体化。现代"法治政府"最基本的特征，就是使行政权力在法律的框架内运行，以防止权力滥用。这必然要求通过立法的方式，科学界定政府行政权力的边界，并在不同层级政府间进行权力分工，即政府间事权的立法配置。为此，《中共中央关于全面推进依法治国若干重大问题的决定》明确提出，"推进各级政府事权规范化、法律化，完善不同层级政府特别是中央和地方政府事权法律制度"。可见，实现政府间事权的立法配置，是全面推进依法治国的内在要求，是建设法治政府的重要内涵。

一、问题的提出

作为典型的公共事务，流域治理虽然离不开社会、企业、公众的参与，但政府作为管理者、组织者、决策者，其流域事权对流域治理发挥着至关重要的作用。特别对长江这样一个涉 19 个省（自治区、直辖市）、12 个部门（行业）的流域而言，没有任何一级政府、一个部门（行业）可以单独胜任全部流域事权。因而，在实现长江流域法治的进程中，必须通过立法对政府间的事权进行合理配置。当前，专门为长江流域制定一部《长江保护法》，已经取得了高度的共识。接下来的问题是，这部立法如何通过构建及展开其法律制度体系，以真正实现长江流域法治。考虑立法是以各类法律规范集合成的法律制度体系为基本内容，而法律制度本质上又以对相关主体权利（力）义务的配置为核心。其中，对有关政府主体职能的规定就是对政府间事权的立法配置；而政府之外其他主体的权利（力）义务配置，则需要通过配置政府间事权加以监管或保障。因此，如何对长江流域政府间事权进行配置，就成为《长江保护法》中法律制度体系构建及展开的核心理论问题。

* 作者简介：刘佳奇，法学博士，辽宁大学法学院副教授，主要研究方向为环境资源法。

基金资助：本文系教育部人文社会科学重点研究基地重大项目"生态文明与环境治理机制变革研究"（批准号：19JJD820005）、研究阐释党的十九大精神国家社科基金重大专项课题"新时代生态环境监管体制的法治创新研究"（批准号：18VSJ039）的阶段性成果。

文章来源：《中国人口·资源与环境》2019 年第 10 期，本文已经作者及期刊授权出版。

二、长江流域政府间事权立法配置中存在的问题

事权配置的理论基础是"公共服务（或产品）的层次性理论"，即依据事权所能提供的公共服务（或产品）的范围，首先将事权分为全国性事权与区域性事权。进而，对介于两者之间的事权划为准全国性事权，或作为混合事权由中央和地方分享，或作为直管事权配置给专门主体；对区域性事权则再根据其具体范围，在地方各级政府间进行二次配置。可见，事权的"范围"是政府间事权配置的决定性因素。流域作为以水为核心要素构成的特殊空间，其事权的"范围"具有特殊性——"流域空间性"。这种特殊空间的事权"范围"，需要结合此特殊性从四个维度加以衡量。

（1）层级维度。流域空间划分的基础在于水，这与行政区域的空间划分并不完全重合，在空间上可能超越单一行政区域。因此，流域事权中既可能包括中央和地方层级的事权，还可能包括介于两者之间的准全国性事权——流域层级的事权。

（2）内容维度。流域空间是以"水"为核心要素形成的。这就决定了，流域事权在公共服务（或产品）的内容上，相较医疗、教育等事权具有明显的涉水指向性。

（3）空间维度。"水"具有高度的"塑造性"与"可塑性"，由此形成了流域间差异化的空间形态。于是，每个流域空间内都可能存在流域特殊性问题，需要通过事权配置加以特殊应对。

（4）性质维度。以水为核心要素构成的流域空间具有价值（功能）的多元性，包括但不限于生产、生活、生态等价值，饮用、灌溉、行洪、发电、通航、养殖、景观等功能。

但是，多元价值（功能）之间却是有限兼容的。这种有限兼容性一旦被打破，相关主体附着在相关价值（功能）上的权益将难以实现。这就要求，流域事权在性质上必须适应流域空间内价值（功能）多元、权益复杂的需要。

即便如此，长江流域空间的事权范围仍不易确定。因为，"空间"本身就是一个相对概念，依据不同的空间观（识别标准）可以得出不同的识别结果。这将直接影响上述四个衡量维度的实现程度和结果，进而影响流域事权"范围"的确定。既有立法沿袭的是一种"一元空间观"，将流域视为由"点"（湖泊、水库等重要水体）、"线"（干支流）构成的集水区或分水区，即"水系空间"。囿于这样的空间观和空间识别结果，给长江流域政府间事权的立法配置带来了以下问题。

1. 层级维度：流域层级事权的虚化、弱化

鉴于长江流域超越了单一行政区划，故其事权应当存在中央、流域、地方三个层级。但囿于"水系空间"的定位，流域事权长期附属于中央和地方的水管理事权。尽管现行《中华人民共和国水法》确立了流域与区域相结合的管理体制，将流域作为法定的事权层级。但事权层级的法定化仅是基础和形式，其目的和实质是将各层级的事权通过立法配置给相应的主体。根据既有立法规定，中央层级的事权具体分配给中央人民政府及其有关职能部门；地方层级的事权具体分配给流域内各级地方政府和县级以上地方政府相关职能部门。而流域层级的事权，虽然形式上依法配置给了"重要江河的流域管理机构"，

但其具体事权配置的结果并没有实现充分的法定化。事实上，长江流域早已设有"流域管理机构"——水利部长江水利委员会（以下简称长委）。但长委仅是水利部的派出机构，虽名为长江流域管理机构，其事权实则源于水利部的"三定方案"和交办事项，缺乏充分的立法授权。故所谓的流域管理，本质上仍从属于中央人民政府职能部门的水管理；所谓的流域层级事权，实际上处于一种虚化、弱化的立法状态。

2. 内容维度：仅针对单一"水"要素

与域外流域立法的情况类似，我国的流域立法最初也是"单项立法"。其表现为立法中的流域事权仅为"水利事权"，如水利工程建设、防汛抗旱等。随着经济社会发展和流域管理要求的提升，立法中流域事权的内容升级为流域水安全事权，并增加了水资源保护、水污染防治等新的事权内容，即流域事权从"水利事权"升级为"水管理事权"。但囿于"水系空间"的定位，虽然流域事权的立法内容不断丰富，却始终未超出单一"水"要素的范畴。诚然，流域是以水为核心要素形成的，但域外流域立法综合化的发展规律表明，水不是流域空间内的唯一要素，流域事权也并不局限于水管理事权。例如，美国的流域管理就已从单纯的水管理扩展至与水相关的土地利用、生态保护、基础设施建设、产业发展等领域[2]。长江流域作为中国最大的流域，是一个复杂的巨型生态系统。目前这种"就水论水"的事权立法配置状态，没有从生态系统的整体性和长江流域的系统性着眼，缺乏对山水林田湖草等生态要素的统筹[3]。例如，当前长江沿线化工污染整治和水环境治理、固体废物治理之间明显存在关联，仅通过立法加强水污染防治方面的事权配置显然无法从根本上解决问题。

3. 空间维度：对流域特殊性问题缺乏针对性事权配置

习近平总书记曾指出，长江"病了"。从空间分布的角度看，长江的"病症"是：长江源头、三峡库区、丹江口库区、"两湖"、饮用水水源地等"点"的问题不容乐观；沿岸"化工围江"，航道、河道安全存在隐患，沿江污染带分布广泛等"线"的问题较为突出；面源污染加剧，流域内河湖生态功能退化等"面"的问题长期存在。这些"病症"是在长江流域这一特殊空间存在的，属于流域特殊性问题。因此，《中华人民共和国水法》《中华人民共和国水污染防治法》等中央立法难以进行特殊规制，流域内各级地方立法则是力所不能及，仅有的《太湖流域管理条例》《长江河道采砂管理条例》两部行政法规也不可能给予充分的事权配置。不仅如此，相关立法受制于"水系空间"定位下"点"和"线"的范围限制，对"面"的问题几乎无法发挥作用。而流域的问题"表现在水里、根子在岸上"，"面"的问题不解决，"点"和"线"的问题无法得到根治。

4. 性质维度：片面强调事权关系的单向服从

流域空间的整体性，是点、线等组成部分的功能得以实现的基础。故下级服从上级、区域服从流域、地方服从中央的"单向服从模式"，成为流域政府间事权立法配置的基本原则。但是，对于长江这样一个跨区域、跨部门（行业）的流域而言：①政府间事权关系中如果只有纵向服从，可能导致流域管理中地方投资和积极性下降[4]，不仅增加了中央、流域的事权负担，也不利于流域内各区域、各领域（行业）的均衡发展；②流域内相关部分间不仅有"纵向"关系，上中下游、左右岸、不同行业之间还存在"横向"关系，立法中缺少对于"横向"关系的考量，割裂了相关部分之间的天然联系。加之事权本就有行政边界性，地方层级的事权主体难以超越本区域或领域而考量其他区域或领域的事务，以致在长江流域管理中不同行政区域、部门（行业）的职能被"条块化分割"，职责交叉重复，"扯皮推诿"现象较严重[5]。

三、长江流域政府间事权立法配置的理论重构

欲破解上述问题，就要重新厘定长江流域事权的"范围"，其关键是对长江流域空间的识别进行理论重构。但长江并非中国唯一的流域，既有立法中"水系空间"的定位虽有缺陷，但却高度凝练了各流域空间的"共性"，保障了事权立法配置结果的普适性。如果没有一种特殊的驱动力促使长江构建一种新的流域空间识别理论，那么，理论重构的必要性与可行性均会受到质疑。当前，这种理论重构无疑已经具备了特殊的驱动力，其源于长江经济带成为我国新一轮改革开放的国家战略。

作为这一国家战略的顶层设计，《长江经济带发展规划纲要》提出了"一轴、两翼、三极、多点"的空间格局。其实质，是以长江流域的"黄金水道"为核心，流域内相关要素在上中下游、东中西部跨区域有序自由流动和优化配置。这意味着，长江流域被赋予了特殊的战略地位和功能。为了下好"共抓大保护，不搞大开发"的先手棋，习近平总书记强调："要按照主体功能区定位，明确优化开发、重点开发、限制开发、禁止开发的空间管控单元"。可见，国土空间布局是落实长江经济带功能定位及各项任务的载体。作为长江经济带的物质基础和空间载体，对长江流域空间的判断必然要超越"水系空间"的范畴，升级为涵盖19个省（自治区、直辖市）全部空间范围的"国土空间"。显然，这是一种超越一元空间观的多元空间观。据此，长江流域应定位为一个以水为核心要素和纽带，由水、土、气、生物等自然要素和人口、社会、经济等人文要素相互关联、相互作用而共同构成的"自然地理-社会经济"复合性空间[6]。这就使得对长江流域空间进行重新定位，具有了一般流域不具备的改革需求和决策支撑。不仅对长江流域空间识别的理论重构形成了巨大的驱动力，更为理论重构确立了一种新的空间观基础。结合域外流域立法相关规律，在全面推进依法治国的背景下，上述改革需求和决策支撑亟须以长江流域专门法和特别法的形式实现。

1. 重构长江流域管理主体，实现流域层级事权从虚化、弱化走向实化、强化

长江流域当前所处的特殊重要战略地位和功能，特别是国土空间的新定位，客观上要求加强全流域完整性管理。既有立法对长江流域层级事权的配置，特别是对长委的职能和定位，既非真正意义上的流域层级事权，也无法满足长江流域层级事权配置的新需要。这就要求，《长江保护法》应加强事权在流域层级的配置。重点是重构长江流域管理体制，明确长江流域管理机构的法律地位，并为其配置相应的流域层级事权。显然，

此"长江流域管理机构"非《中华人民共和国水法》意义上的彼"流域管理机构"。①其定位不再局限于水利部的派出机构，而应是由法律授权、代表长江流域整体利益的法定事权主体。②其功能不再局限于技术服务，而是必须配置与其职能定位相适应的流域层级的法定事权。③其内容不再局限于水利，而是涉及水安全、水环境、水生态，甚至包括必要的非涉水流域管理事务（如工程建设等）。

2.充实法律制度的类型，实现事权内容从水管理走向涉水管理

从立法的角度看，每一种事权的内容理论上对应一种法律制度的类型。囿于既有流域立法没有摆脱"单项立法"的状态，将事权局限于水管理事权。相应地，法律制度的类型也相对单一。如今，对长江流域这一特殊"国土空间"的管理，是对"涉水"要素载体的综合管理。从事权内容的角度看，立法中所涉事权的类型必然包括但不限于既有类型。由此带来两个问题：其一，法律制度体系中应当包括哪些具体类型；其二，各类法律制度应以何种先后顺序形成体系。解决问题的关键是，结合长江流域涉水要素保护、开发、利用、管理现状，从内容的角度对长江流域"涉水事权"进行类型化及逻辑排序，具体如下。

（1）规划是流域管理的龙头，规划事权是各类具体事权的源头，故流域规划制度应是整个法律制度体系的起点。

（2）水安全保障始终是长江流域管理的"头等要务"，因而水安全类事权是其他事权存在的基础，流域水安全保障制度在法律制度体系中处于首要地位。

（3）"共抓大保护"是长江流域经济社会发展的前提，长江流域一切活动均不得以损害生态环境为底线。鉴于生态环境保护类事权对长江流域而言特别重要，流域生态保护与修复制度在法律制度体系中处于优先地位。

（4）保护和改善水环境质量，是长江流域以水为核心所构成的国土空间生态环境状况的重要保障。水污染防治类事权作为保护和改善流域水环境的核心抓手，是长江流域管理中不可或缺的事权内容。其应置于流域生态保护与修复制度之后，形成从"系统保护"到"核心要素保护"的递进式制度体系设计。

（5）"不搞大开发"绝非单纯保护，而是在保护的前提下科学合理的开发。同时，开发利用的对象不限于"水资源"，而是长江流域的"涉水资源"。在"保护优先"的前提下，涉水资源可持续开发利用事权的存在，对于实现长江流域的"绿色发展"而言无疑是必要的。因而，在前述制度体系顺次建立和展开的基础上，流域涉水资源可持续开发利用制度也是法律制度体系的重要组成部分。

3.专设流域特殊性法律制度，实现事权的空间维度从二维走向三维

国土空间是一个多维度的空间概念，是空间内各类要素的系统性载体。对于长江流域这一特殊的国土空间而言，不仅包括流域内重要水体等"点"、长江干支流等基本的"线"，还应扩展至流域国土空间的"面"。为应对前述流域特殊性问题，《长江保护法》应专设流域特殊性法律制度，从"点""线""面"三个维度进行事权配置。

（1）对于某些流域特殊性问题而言，需要超越地方利益、部门利益，从全流域的高

度进行管理。长江流域管理机构因其地位相对超脱且为流域整体利益的代表，应当由其对此类问题实施直接管理。

（2）另外一些流域特殊性问题，因其往往跨区域、跨部门（行业）而涉及的主体众多、利益关系复杂，故立法应当对所涉相关政府间的事权加以统筹配置，并建立利益沟通与协调机制。对于此类问题，长江流域管理机构虽不是直接管理者，但应当通过相应的事权配置，发挥其不可替代的功能和作用。

4. 建立配套法律制度，实现事权性质从单向服从走向互动协同

前文已述，长江流域空间内整体与部分之间、部分与部分之间以水为纽带形成的互动关系，决定了《长江保护法》中法律制度体系所涉事权性质上也必须是多元且互动协同的。①地方、下级事权的存在和运行，前提是必须维护中央、上级事权的权威。因此，事权配置的过程中涉及央地关系、上下级关系的，性质上必然需要以权威型事权配置作为基础，如下级规划对上级规划的服从、流域统一调度权等。②中央、上级事权的权威性，不仅体现在立法表述中的"应当"和"必须"上，还必须通过目标考核、环保督察、约谈问责等压力传导型事权，对地方、下级事权进一步产生实际作用。③各级、各类政府事权主体之间，在流域管理中还需要通过协调议事、执法协作、联合执法、信息通报等进行必要的合作与协商。在此过程中，事权在性质上明显更加丰富，即在权威型与压力传导型事权之外，增加了合作协商型事权。④在合作协商的基础上，进一步设定资金投入、生态补偿、行政奖励、基金等激励型事权，引导地方或下级主动、积极地实现流域管理的目标。权威型、压力传导型、合作协商型、激励型四种性质不同的事权在立法中的综合运用，共同构成了保障前述各类法律制度运行的配套法律制度。

四、长江流域政府间事权立法配置的具体路径

基于对长江流域从"一元水系空间"到"多元国土空间"的理论重构，结合"公共服务（或产品）的层次性理论"，在构建和展开上述法律制度体系的过程中，长江流域政府间事权配置的具体路径如下。

1. 中央层级事权

长江不仅是跨行政区域的巨型流域，更是中华民族的生命河、长江经济带战略的支撑，其对全国的经济社会发展和生态安全保障有重大意义。因此，长江流域事权中必然包括中央层级的事权。

（1）重大事项决策权。所谓重大事项，既包括长江经济带发展和长江流域治理的顶层设计（如重大政策、战略规划等），也包括某些对长江流域乃至国家经济社会发展有重大战略意义的项目审批（如三峡工程、南水北调工程等）。作为长江乃至国家的重大事项，其决策权应当且只能依法配置给中央人民政府。甚至，某些具有特殊重大意义的政策、规划、项目，其决策权依法应由全国人民代表大会及其常委会行使，以获得最大

的决策合法性。

（2）重大流域性事务协调权。所谓重大流域性事务，是指涉及跨部门（行业）、跨省（自治区、直辖市）的具体流域性事务。例如，跨省界水事纠纷的协调处理、流域干支流控制性水库群联合调度、流域内上下游邻近省级政府间建立水质保护责任机制等。此类重大事务也必须由中央人民政府（及其建立的相关协调机制）从国家和长江流域整体利益的高度出发，在相关主体间进行必要的组织与协调，以推进相关事务的实施。

（3）中央人民政府相关职能部门对某一类流域涉水事务的中央统管权。此类统管权，既包括本领域流域性事务的中央决策权、协调权（如各类流域专项规划的制定），也包括本领域具体流域性事务的中央监管权（如流域内重大项目的审批等）。此类事权是事权横向配置中的最高层级，也是流域治理"九龙争水"的根源。经过新一轮的机构改革，中央人民政府相关职能部门的事权已经按照"一类事项原则上由一个部门统筹、一件事情原则上由一个部门负责"的思路进行了整合与重新划分。在此情况下，《长江保护法》应避免纠结于部门间"主管与分管""统管与配合"之争。而应参考"水十条"的明确列举模式，逐项配置中央人民政府相关职能部门对长江流域某一类涉水事务的中央统管权，使此轮事权改革的成果法制化。

2. 流域层级事权

对于某些前述流域特殊性问题，中央人民政府不可能也无必要直接管理；中央人民政府相关职能部门囿于事权分工难以实现流域的系统性管理；地方政府及其职能部门则限于事权的地域性无法实施流域的整体性管理。为避免条块分割管理的封闭性、自利性给流域整体利益造成的负面影响，此类问题交由流域层级的事权主体——长江流域管理机构直接管理无疑是最佳选择。此类直管事权主要包括：①控制性水工程的联合调度，流域重要水域、直管江河湖库及跨流域调水的监测等流域性"点"问题；②长江干流的河道采砂，长江干流、重要支流的取水许可等流域性"线"问题；③跨流域或者跨省（自治区、直辖市）水资源应急调度，流域干流岸线的管理与保护，重点防治区水土流失的预防、监督与管理等流域性"面"问题。

作为流域整体利益的代表者，对直管事权之外的流域特殊性问题，长江流域管理机构则需要与所涉相关主体实施交互加以解决。由于交互过程所涉事权如前所述包括权威型、压力传导型、合作协商型、激励型四种类型，故长江流域管理机构在"交互"中的事权如下。

（1）权威型事权的议题发起者。虽然决策事权由中央人民政府行使，但长江流域管理机构作为流域整体利益的代表者，应当通过组织或参与相关政策、规划、区划、行动方案等制定的方式，成为相关决策议题的发起者。

（2）压力传导型事权的监督者。虽然目标考核等压力传导型事权应由中央组织，但长江流域管理机构长期具备的信息技术优势与相对中立的地位，决定了其有权参与对流域内地方涉水事权实施情况的监督。

（3）合作协商型事权的协调者。作为流域整体利益的代表，长江流域管理机构既可以通过会商、协商等方式组织相关区域、部门进行利益的横向协调，又可以通过征求或提出意见等方式参加其他流域性事务的协调机制。

（4）激励型事权的参与者。技术、信息等不仅是流域内压力传导型事权实现的重要依据，也是流域内激励型事权实现的必要基础。因此，对于流域性资金投入、生态补偿、行政奖励等激励机制的运行，长江流域管理机构可以通过提供信息、技术服务等方式参与其中。

3. 地方层级事权

虽然"水"是界定流域空间的核心要素，但土地是流域范围划分的本体[7]。而行政区域正是以土地作为划分依据，从而实施政治控制和社会管理的特定地域单元，具有比较稳定的地理界限和刚性的法律约束[8]。因此，各级地方政府是长江流域的基本管理主体。其要对本行政区域的经济社会发展负责，必然要管理本行政区域的资源环境要素，包括统一管理本行政区域的涉水资源[9]。鉴于此，《长江保护法》中流域事权在地方层级上的分配，首先需要"打包式"地交由各级地方政府，由地方政府对本行政区域的流域管理"负总责"[10]。

同时，考虑各级地方政府在流域管理中的职能差异，立法应对流域内各级地方政府的事权进行差异化配置。

（1）省级政府的事权配置。在流域层面，省级政府是本区域权益的"对外"代表。对于涉及本区域的流域性事务决策事权，省级政府应当有权参与。在本区域内，省级政府不仅承担总体负责相关法律、政策，以及中央和流域决策的执行事权，还承担本区域内流域涉水事务，落实各项指标，分解相关任务的组织和领导事权。

（2）市、县级政府的事权配置。市、县级政府具有相关法定职能部门及相应的行政执法权。因此，与省级政府相比，除不具备参与流域性决策的事权外，其在本区域内同样承担着执行上级决策和组织领导本级流域管理的双重事权。

（3）乡、镇级政府的事权配置。作为一级地方政府，乡、镇级政府应当对本级流域管理负总责。但是，其既无法定的职能部门，又无法定的行政执法权。因此，立法应为其配置"协助事权"，即协助上级政府及其有关职能部门做好辖区内农村饮用水安全、农业和农村水污染防治、环境基础设施建设等相关工作。

在地方政府"负总责"的基础上，应进一步完善地方政府职能部门事权的立法配置。在既有立法对各级、各类地方政府职能部门的流域事权已经完成初步配置的情况下，《长江保护法》的重心在于：①结合相关立法及长江流域治理的实际情况，通过区分事权的主体和级别（如省级政府生态环境主管部门、县级以上地方政府水行政主管部门），对各级、各类地方政府相关职能部门间的事权进行精确配置，使其适时、适当、适度参与本级流域管理；②对各级、各类地方政府职能部门相关事权之间存在的矛盾或冲突之处，提供解决矛盾或冲突的确定性指引；③对各级、各类地方政府职能部门事权的范围仍存在模糊甚至立法空白的领域，进行充分、有效的弥补。

参 考 文 献

[1] 刘剑文, 侯卓. 事权划分法治化的中国路径[J]. 中国社会科学, 2017(2): 102-122, 207-208.

[2] US EPA. Identifying and Protecting Healthy Watersheds: Concepts, Assessments, and Management Approaches[R]. Washington DC: US EPA, 2012.

[3] 习近平. 在深入推动长江经济带发展座谈会上的讲话[N]. 新华日报, 2018-06-14(1-2).

[4] 邢利民. 国外流域水资源管理体制做法及其经验借鉴[J]. 生产力研究, 2004(7):107-108.

[5] 王树义, 赵小娇. 长江流域生态环境协商共治模式初探[J]. 中国人口·资源与环境, 2019(8): 31-39.

[6] 中国 21 世纪议程管理中心. 国际水资源管理经验及借鉴[M]. 北京: 社会科学文献出版社, 2011: 195.

[7] 晁根芳, 王国永, 张希琳. 流域管理法律制度建设研究[M] .北京: 中国水利水电出版社, 2011: 2.

[8] 汪阳红. 正确处理行政区与经济区的关系[J]. 中国发展观察, 2009(2): 24-26.

[9] 高而坤. 谈流域管理与行政区域管理相结合的水资源管理体制[J]. 水利发展研究, 2004(4): 14-19.

[10] 吕忠梅, 张忠民. 现行流域治理模式的延拓[M]// 吕忠梅. 湖北水资源可持续发展报告(2014). 北京: 北京大学出版社, 2015: 40.

汉 江 流 域

　　汉江，是长江第一大支流。汉江流域在我国具有重要的空间战略地位：流域中上游地区是我国陆地生态系统生物多样性的关键区系和中西结合部的重要生态屏障；流域中下游地区农业发达，工业基础雄厚，城市群密集。作为长江经济带的重要组成部分，汉江流域的发展同样应当遵循习近平总书记"共抓大保护，不搞大开发"的重要指示。本版块将在深入分析湖北汉江流域面临的水污染防治问题的基础上提出有针对性的对策建议，以期为决策部门"建设湖北生态屏障，打造长江经济带的绿色增长极，塑造汉江生态经济带"提供参考。

湖北汉江流域水污染防治对策研究[*]

邱 秋 罗文君

党的十八大以来，习近平总书记多次强调要加强改善人民政协的民主监督职能。为深入贯彻习近平总书记的重要指示，落实《中国人民政治协商会议章程》规定，根据湖北省委转发的《湖北省政协党组 2018 年工作要点》和《湖北省政协 2018 年工作任务书》，湖北省政协党组确定将"助推湖北汉江流域水污染防治"工作作为 2018 年专项民主监督重点，由湖北省政协人口资源环境委员会牵头组织落实，主要围绕 2017 年 4 月中央第三环境保护督察组督察意见的整改落实情况，以及水污染防治法律法规、国务院《水污染防治行动计划》（简称"水十条"）及《湖北省水污染防治行动计划工作方案》的贯彻执行情况进行监督检查。监督的重点包括：①水资源过度开发造成水生态系统碎片化、水污染隐患突出问题的整改落实情况；②不达标断面的整治情况；③规模以上工业集聚区问题的整改落实情况；④集中式饮用水水源地保护政策的落实情况；⑤规模化畜禽养殖相关政策的落实情况。受湖北省政协人口资源环境委员会委托，湖北水事研究中心承担本次专项民主监督课题的研究任务，提交"一总五专"调研报告。2018 年 5～6 月，课题组对汉江流域所涉 10 市（林区）的水污染防治工作进行了综合调研。通过调研，课题组深入了解了湖北省汉江流域水污染防治的基本情况及存在的主要问题，为助推湖北省汉江流域水污染防治找到了着力点，提供了参考建议。

一、汉江流域水环境现状及战略地位

（一）流域基本概况及生态、经济与社会发展情况

汉江，是长江第一大支流。汉江流经陕西、湖北两省，干流在湖北省丹江口以上为上游，河谷狭窄，长约 925 km；丹江口至钟祥为中游，河谷较宽，沙滩多，长约 270 km；钟祥至汉口为下游，长约 382 km，流经江汉平原，河道蜿蜒曲折逐步缩小，在武汉市

[*]作者简介：邱秋，法学博士，湖北经济学院法学院教授，湖北水事研究中心主任。罗文君，法学博士，湖北水事研究中心研究员。

本文中"一总五专"调研报告系湖北省政协 2018 年度"助推湖北汉江流域水污染防治"专项民主监督课题"湖北汉江流域水生态系统碎片化对策研究"及国家社会科学基金项目"环境立法前评估研究"（16BFX099）的阶段性成果。

汉口龙王庙汇入长江。[①]汉江在湖北省境内长 871 km，占其全长的 55.25%；流域面积 6.3 万 km²，占全省土地面积的 33.89%，流经十堰、神农架、襄阳、荆门、随州、潜江、天门、仙桃、孝感、武汉 10 市（林区）的 39 个县（市、区），辐射 387 个乡镇。[②]

1. 生态地位

汉江流域是我国南北气候过渡带和中西部结合部的生态走廊，也是我国陆地生态系统生物多样性的关键区之一。丹江口水库是南水北调中线工程的水源地，是我国中部区域水质状况最好的水体之一。神农架亚热带森林是中纬度地区唯一保持完好的生态系统，是重要的绿色生态屏障。汉江流域生态条件得天独厚，属于亚热带季风气候，气候温和湿润，四季分明，光热充足，雨热同季。流域植被包括亚热带常绿、落叶阔混交林地，森林资源丰富、动植物种类繁多。域内有高等植物 26 科 36 属 54 种，其中国家珍稀保护植物 49 种；动物兽类 70 多种，鸟类 160 多种，鱼类 118 种，有金丝猴、胭脂鱼等国家重点保护动物和珍稀鱼类。汉江支流水系发达，集水面积达 1 000 km² 以上的一级支流有 19 条，其中 5 000 km² 以上的有唐白河和南河两条。流域内分布水库 1 471 座，总库容 63.7 亿 m³。[③]该流域也是许多本地物种的关键栖息地。

2. 经济地位

汉江流域所涉及 10 市（林区）39 个县（市、区）的经济综合实力在全省占据重要地位（图 1）。

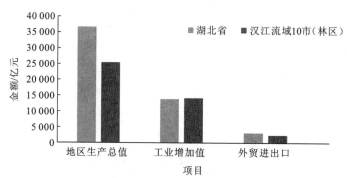

图 1　2017 年汉江流域 10 市（林区）经济占湖北省经济比例

2017 年，10 市（林区）地区生产总值达 25 393.94 亿元，占全省的 69.53%；实现工业增加值 14 200.25 亿元，完成固定资产投资 424 699.26 亿元；实现外贸进出口总额 2 392.685 亿元，占全省的 76.34%。[④]2017 年，湖北省县域经济排名的前 20 名中，汉江流

---

① 汉江基本信息来源，长江水利网。http:// node. cjw. com. cn/index/river/liuyugk-9.asp?link=11，2018 年 6 月 26 日最后访问。

② 数据来源：《湖北汉江生态经济带开放开发总体规划（2014—2025 年）》（鄂政发〔2015〕26 号）。

③ 数据来源：《湖北汉江生态经济带开放开发总体规划（2014—2025 年）》（鄂政发〔2015〕26 号）。

④ 数据来源：根据湖北省统计局和国家统计局湖北调查总队发布的《2017 年湖北省国民经济和社会发展统计公报》及 10 市（林区）2017 年国民经济和社会发展统计公报计算得出，未排除非汉江流域地区。

域的县有 13 个，占全省的 65%。[①]2017 年 7 月，知名评估机构赛迪顾问发布的"2018 年中国县域经济 100 强研究成果"中，仙桃、潜江两市进入中国县域经济 100 强，分别位列第 85 位、第 95 位。[②]汉江中下游地区的唐白河平原、襄阳宜城平原和汉江下游平原是国家的重要粮食主产区，水产品和农副产品享誉全国。鉴于汉江流域天然资源禀赋和良好的经济基础，湖北省人民政府早在《湖北长江经济带开放开发总体规划（2009—2020 年）》中，将汉江流域纳入长江经济带建设规划，按照"共抓大保护，不搞大开发"的重要精神，构筑湖北生态屏障，打造长江经济带的绿色增长极，塑造汉江生态经济带。

3. 社会发展地位

汉江流域养育着全省接近 2/3 的人口。2017 年，汉江流域 10 市（林区）常住人口总计 3390 万人，占全省的 57.5%。城镇化水平快速提高，2017 年城镇化率达到 57.4%。[③]流域内城市群密集，先后有襄十随城市群、丹河谷城市群、鄂中城镇密集区、天仙潜城镇密集区、孝应安城镇密集区、江汉运河生态文化旅游城镇带等中小城市群和城镇密集区沿汉江布局。庞大的人口规模、新型城镇化与城市集群的兴起与扩张，意味着汉江流域承载的社会任务繁重。此外，流域内部分地区是国家扶贫攻坚重点片区，脱贫致富、经济发展的任务繁重，发展的矛盾问题依然突出。正确处理好汉江流域的水污染防治问题将直接影响汉江流域社会的和谐发展。

（二）汉江流域的特殊地位：国家战略水源地

丹江口水库是国家南水北调中线工程的水源地，承担着"一库清水永续北送"的重任。南水北调中线工程自 2014 年 12 月 12 日正式通水，截至 2018 年 5 月 29 日，共为北方地区输水 144.17 亿 m^3，其中河南省累计分水量 50.05 亿 m^3，河北省累计分水量 23.17 亿 m^3，天津市累计分水量 27.45 亿 m^3，北京市累计分水量 34.79 亿 m^3。[④]调水改变了中下游原有的水环境格局，下泄流量减少，干流天然河道水位下降，多年平均流量减幅为 9.59%～30.15%，多年平均水位下降 0.37～0.69 m。[⑤]同时，一些依赖汉江来水源头的支流也大受影响，如东荆河、通顺河径流量减少，河流枯水期变长，水污染治理难度增加。此外，除丹江口水利枢纽外，还有 7 个电站梯级开发项目，其中已建成 3 个，1 个在建，3 个在开展工程前期工作。[⑥]汉江的"碎片化"加大了汉江中下游地区水污染防治难度。

---

① 湖北省经济和信息化委员会，湖北省统计局，《关于 2017 年度湖北省县域经济工作考核情况的通报》，http://cs.hbeitc. gov.cn/wcm.files/upload/CMScs/201805/201805070944013.pdf。2018 年 7 月 13 日最后访问。

② 经济日报-中国经济网 2018 年 7 月 2 日新闻，http://hb.qq.com/a/20180704/008832.htm，2018 年 7 月 13 日最后访问。

③ 数据来源：根据湖北省统计局发布《2017 湖北省国民经济和社会发展统计公报》及 10 市（林区）2017 年国民经济和社会发展统计公报计算得出。

④ 人民网：南水北调中线工程累计为北方输水超 144 亿立方米，2018 年 5 月 29 日，记者孙博洋，http://www.nsbd.gov. cn/zx/zj/2018tfnsbd/1/201805/t20180531_714291.html，2018 年 7 月 7 日最后访问。

⑤ 数据来源：湖北省生态环境厅提供材料。

⑥ 数据来源：《湖北汉江生态经济带开放开发总体规划（2014—2025 年）》（鄂政发〔2015〕26 号）。

（三）汉江流域水环境质量现状

1. 汉江干流

2018 年 1~6 月，汉江干流总体水质为优，具体情况见表 1，相较于 2017 年，汉江干流的水质总体下降。2017 年，汉江干流总体水质为优，20 个监测断面水质均为 I~II 类，其中 I 类占 5.0%，II 类占 95.0%。[①]而从 2018 年 1~6 月的数据来看，[②]20 个监测断面出现下列三种变化。一是，I 类水质不稳定，在 1 月、2 月，没有 I 类水，3~6 月恢复 I 类水，但是在 5%~10% 变动，不稳定。二是，II 类水占比大幅度下降，由 2017 年的 95% 下降到普遍的 65%~80%，6 月甚至下降到 30%。这些下降的比例空间，不是说明 I 类好水增多，而是被 III 类水甚至 IV 类水占用。三是，干流出现 III 类水甚至 IV 类水。2018 年上半年每月出现 III 类水，且占比份额重，6 月甚至达到 60%。3 月、4 月两个月出现 IV 类水，占比分别达到 10%、5%。这在 2017 年是没有发生过的情况，2017 年全年水质均为 I~II 类水。

表 1 2018 年 1~6 月汉江干流地表水质占比 （单位：%）

月份	I	II	III	IV	V	劣 V
1		65	35			
2		80	20			
3	5	50	35	10		
4	10	65	20	5		
5	5	80	15			
6	10	30	60			
总体水质			优			
省控监测断面			20 个			

2. 汉江支流

2018 年 1~6 月，汉江支流总体水质为轻度污染，具体情况见表 2，相较于 2017 年，支流的水质明显下降。2017 年，汉江支流总体水质为良好，47 个监测断面中，I~III 类水质断面占 76.6%（I 类占 10.6%，II 类占 42.6%，III 类占 23.4%）、IV 类占 12.8%，劣 V 类占 10.6%。[③]

[①]数据来源：湖北省环境保护厅，《湖北省环境质量状况（2017 年）》。
[②]数据来源：根据湖北省环境监测中心站发布的《湖北省地表水环境质量月报》（1~6 月）计算得出。
[③]数据来源：湖北省环境保护厅，《湖北省环境质量状况（2017 年）》。

表2　2018年1～6月汉江支流地表水质占比　　　　　　　　　　　　（单位：%）

月份	I	II	III	IV	V	劣V
1	15.9	38.6	11.4	22.7	4.5	6.8
2	15.9	34.1	22.7	11.4	4.5	11.4
3	15.2	28.3	19.6	19.6	6.5	10.9
4	11.4	40.9	15.9	20.5	6.8	4.5
5	14.9	38.3	21.3	12.8	4.3	8.5
6	8.5	44.7	17	17	10.6	2.1
总体水质	轻度污染					
省控监测断面	46个					

2018年1～6月，汉江支流总体水质下降为轻度污染，水质类别具体构成比例如图2所示。46个监测断面中，I～III类水质断面占69.1%（I类占13.6%，II类占37.5%，III类占18%），IV类占17%，V类占6.2%，劣V类占7.7%。相较于2017年，I～III类水质下降了7.5个百分点，IV类上升了4.2个百分点，V类与劣V类上升了3.3个百分点。[①]

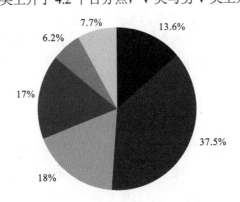

■I类　■II类　■III类　■IV类　■V类　■劣V类

图2　2018年1～6月汉江支流水质类别构成

3. 水污染源构成比例

汉江流域主要污染指标为总磷、化学需氧量（chemical oxygen demand，COD）和氨氮，主要来源于畜禽养殖污水、工业废水、农业地表径流、城镇生活污水和农村生活污水五大污染源（图3）。根据2013年的数据，在各类污染源中，畜禽养殖污水排放的COD最多，占总入河量的32%；其次是工业废水和农业地表径流，分别占总入河量的27%和16%；再次是城镇生活污水和农村生活污水，分别占10%和10.3%。氨氮最大来

---

① 数据来源：根据湖北省环境监测中心站发布的《湖北省地表水环境质量月报》（1～6月）计算得出。

源是畜禽养殖污水，占总入河量的 29%；其次是农业地表径流、城镇生活污水和工业废水，分别占总入河量的 20%、16% 和 15%。总体来看，畜禽养殖污水和工业废水的污染物入河量超过总入河量的 60%，贡献率最大。[①]

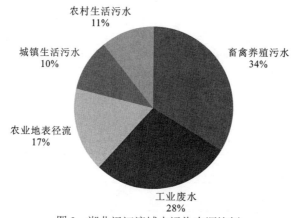

图 3　湖北汉江流域水污染来源比例

二、汉江流域水污染防治措施及治理成效

　　湖北省历来十分重视汉江流域的水污染防治[②]，近年来，湖北省委省政府坚决贯彻落实十八大以来习近平总书记的生态文明思想，对长江经济带"共抓大保护，不搞大开发"的重要指示，以及 2018 年 4 月视察湖北在武汉座谈会上的指示，全力推进汉江流域水防治工作，促进流域经济高质量发展、绿色发展。近几年来，湖北省在汉江流域水污染防治上主要采取了以下措施。[③]

　　第一，加强流域综合治理。在湖北省生态环境厅牵头下，实施丹江口水库生态保护项目，指导十堰市开展 7 县（区）农村环境综合整治，以及神定河、剑河等五条不达标河流的综合治理。2017 年、2018 年获得国家水污染防治专项资金 9.48 亿元，重点用于

[①] 数据来源：《湖北汉江生态经济带开放开发总体规划（2014—2025 年）》（鄂政发〔2015〕26 号）。

[②] 1999 年湖北省人民代表大会常务委员会发布《湖北省汉江流域水污染防治条例》，2005 年湖北省人民政府制定《湖北省汉江流域水污染防治目标责任考核办法》（试行）（鄂政办发〔2005〕46 号），2006 年湖北省环境保护局制定《湖北省汉江流域水污染防治目标责任考核细则》（鄂环发〔2006〕22 号）。

[③] 湖北省直各相关部门出台政策措施，以期加强全流域的统筹治理。第一，汉江岸线与水系连通治理。2016 年，湖北省水利厅出台《关于加强我省汉江干流岸线管理的通知》（鄂水利函〔2016〕390 号），对汉江干流岸线规范化管理作出指导。2017 年，湖北省水利厅颁布《江汉平原主要水系连通及工程调度方案》，对江汉平原主要水系水利工程管理与调度管理作出指导。第二，在畜禽、水产养殖污染方面，2016 年湖北省环境保护厅出台了《湖北省畜禽养殖区域划分技术规范（试行）》（鄂环发〔2016〕5 号），指导科学规划畜禽规模养殖禁养区、限养区和适养区。湖北省农业厅出台《关于强力推进江河湖库围栏围网网箱拆除工作的紧急通知》及《省农业厅、省水利厅关于规范整治湖库养殖行为的通知》（鄂农发〔2016〕15 号），强化对畜禽、水产养殖污染防治。第三，针对城乡生活污水，2017 年初，湖北省人民政府出台《关于全面推进乡镇生活污水治理工作的意见》（鄂政发〔2017〕6 号）。2017 年 8 月，湖北省人民政府办公厅明确将"省农村生活垃圾治理领导小组"更名为"省改善农村人居环境工作领导小组"，统筹推进乡镇生活污水治理、农村生活垃圾治理工作。

汉江流域水污染防治。^①湖北省水利厅牵头，重点围绕"十三五"水利规划，落实汉江流域中小河流水能资源开发和绿色小水电工程、鄂北水资源配置工程、汉江中下游干流河道治理工程、四湖流域防洪排涝灌溉工程、一江三河水系连通工程、引江补汉引水工程等重点工程建设，做好水生态系统重构连通。荆门市推进天门河流域"八大治理工程"，对不达标断面征收生态补偿金，182 个排污口全部封堵，沿线 5 个乡镇污水处理厂、278 个村组无动力污水处理厂全部建成。

第二，全力推进重点领域污染防治。持续开展化工污染专项整治行动，对汉江流域的化工企业和化工园区进行排查整治，沿江 1 km 范围内不再布局重化工和造纸项目。开展工业集聚区专项督察，132 家省级以上工业集聚区中 122 家建成集中污水处理设施。全省划定禁养区 34 006.08 km²，搬迁或关闭生猪养殖场 2 931 个、其他畜禽养殖场 1 833 个。^②

第三，完善基础设施建设。汉江流域县城以上均已建成污水处理厂，统筹推进乡镇生活污水治理、农村生活垃圾治理工作。到 2017 年底，全省汉江流域筹划新、改建生活污水处理设施项目 411 个，其中新建 314 个、续建 16 个、改建 81 个。到 2018 年底，全省实现乡镇生活污水处理设施全覆盖。^③天门市针对城乡生活垃圾实现"户分类收集—组清扫保洁—村收集集并—镇压缩中转—市集中处理"的统筹治理模式，2016 年底实现了全市 26 个乡镇、807 个村、130 多万人口的生活垃圾治理全覆盖。^④

第四，加强集中式饮用水源地保护工作。汉江流域（除神农架林区）的 849 个农村水源地已初步划分了水源保护区。所有地级以上城市集中式饮用水源地每月开展一次常规 61 项指标的监测，每年开展一次 109 项全分析监测。县级集中式饮用水源地按季开展常规监测。

第五，加大监管执法力度。2017 年，全省实施环境行政处罚案件 3 484 件，罚款 2.53 亿元。适用《中华人民共和国环境保护法》四个配套办法和移送涉嫌犯罪案件 910 件。^⑤

第六，强化目标考核责任制。湖北省环境保护委员会办公室每年与汉江流域各地政府签订环境保护目标责任书，下达主要污染物减排目标，将流域水环境质量综合达标率纳入对地方党政领导班子和领导干部的年度考核。湖北省人民政府出台《湖北省长江流域跨界断面水质考核办法》，将 7 个汉江干流断面纳入对各地的考核，对考核不合格的地方，实施建设项目区域环评限批、约谈和通报。

经过不懈努力，湖北省汉江流域的水环境质量总体较为稳定。汉江干流 I 类水体 2018 年 6 月上升为 10 个，汉江支流水质 5 个断面好转、29 个断面水质保持稳定。^⑥

---

① 数据来源：湖北省生态环境厅提供材料。
② 数据来源：湖北省生态环境厅提供材料。
③ 数据来源：湖北省生态环境厅提供材料。
④ 数据来源：天门市生态环境局提供材料。
⑤ 数据来源：湖北省生态环境厅提供材料。
⑥ 数据来源：湖北省生态环境厅提供材料。

三、存在的主要问题及原因分析

(一)汉江流域水污染防治仍面临的突出问题

1. 汉江流域水质有下降趋势,状况令人担忧

在 2018 年 1~6 月,汉江干流虽然总体水质为优,但是 I 类水体不稳定,有的月份为 0,有的月份为 5%~10%。II 类水体大幅度下降,持续出现 III、IV 类水体,且 III 类水体占比较大。汉江支流水质总体由 2017 年的良好下降为轻度污染,劣 V 类水体的断面占 8%。

2. 部分支流污染严重,治理难度大

汉江支流劣 V 类水体的断面有 7 个,主要包括十堰神定河入丹江口水库河口(神定河口)、十堰泗河入丹江口水库河口(泗河口)、襄阳蛮河入汉江口(孔湾)、荆门竹皮河入汉江口(马良龚家湾)、天门河荆门至天门段(拖市)、天门河天门至孝感段(汉川新堰)、孝感汉北河入汉江口(新沟闸)。支流 12 个断面水质下降,其中两个下降明显,即襄阳蛮河入汉江口(孔湾)由 IV 类下降为劣 V 类,孝感汉北河入汉江口(新沟闸)由 III 类下降到劣 V 类。这 7 条水体一直是流域内的"老大难"问题,形成问题的时间长,成因复杂,治理难度大。

3. 农业面源污染占比最大,治理任务重

汉江流域主要污染指标为总磷、COD 和氨氮,主要来源于畜禽养殖污水、工业废水、农业地表径流、城镇生活污水和农村生活污水,其中最大的来源是畜禽养殖污水,占比达 32% 以上。汉江中下游地区尤其是江汉平原一直是湖北省重要畜禽养殖区。例如,天门市是全国著名的商品瘦肉猪生产基地,出栏数曾连续十年名列全省第一。仙桃市、潜江市等地都是畜禽养殖大市。治理的基数大,任务重。

目前,尽管全流域已完成"三区划定",禁养区已全部完成畜禽养殖场的关停或搬迁。但是,还存在以下问题:一是禁养区关停搬迁后的治理不彻底,畜禽粪污仍留在原地,周边沟渠水体污染严重;二是,对于限养区和适养区的粪污综合化利用率不高。例如,十堰市经过初步摸底调查,尚有 20%~30% 的畜禽养殖场对粪污未采取有效治理或综合利用。[①]畜禽养殖的污染仍然占比较重。

在化肥、农药面源污染方面,汉江中下游平原地区是国家的粮食主产区,有名的"鱼米之乡",复种次数高、耕种的密度大,一直是化肥、农药使用的"重灾区",面源污染量大面广。目前,"两清两减"(清洁种植和清洁养殖,农药减量化和化肥减量化)的种养模式还没有完全形成,化肥、农药形成的地表径流污染形势仍然严峻。值得注意的是,近年来,在汉江中上游山区河谷两岸大面积发展种植马铃薯、高山蔬菜等农作物,大量使用化肥、农药,雨水特别是暴雨冲蚀,四周溪流汇流,使土壤中的大量含氮有机物进入河流,加重水体污染,这在过去是没有的现象。

---

① 数据来源:十堰市生态环境局提供材料。

4. 城乡生活污水处置率不高

目前，汉江流域县城以上都已建成污水处理厂并正常运营，但是，城镇污水未实现全收集、全处理，还需要解决雨污分流、老城区管网改造等问题。农村生活污水和生活垃圾等亟须全面治理。乡镇生活污水处理厂建设正在全面铺开，按规定 2018 年底全部完成，有些地区已经建成。存在的主要问题是：乡镇生活污水处理厂虽然已经建成，但是相关配套管网还未建成，普遍存在"最后一公里"问题。有的虽然已经建成，但是处理不达标、运行不稳定、管网不配套。已经运营的乡镇污水处理厂，年度电费成本高，占直接成本的 35%～60%，县级财政的负担重。① 此外，也存在人手少、日常管理不到位等问题。

5. 汉江中下游的水华问题不容忽视

南水北调中线工程调水，叠加梯级电站的密集建设，使汉江中下游来水减少，地下水位下降，生物多样性减少。水环境容量减少，水体稀释自净能力降低，控制污染的难度增加。中下游地区发生"水华"现象越来越突出，2015 年以来，几乎每年发生水华。水华发生的间隔周期越来越短，持续时间越来越长，严重影响沿岸居民的饮水安全和生产活动。

（二）产生问题的原因分析

1. 观念解放不够，创新措施不多

在汉江流域水资源供给总量减少、水环境纳污容量下降而用水需求不断增加的背景下，流域的水污染防治需要有创新思维，要"治污"与"扩容"两手抓。但是，目前，流域各地区在水污染防治上还只是一手抓，主要还停留在为"治水"而"治水"的思维层面。在行动上，主要是自上而下的"任务式""反应式"治理，对于主动采取措施进行生态扩容的谋划不足。在调研过程中，大多数地区都在强调南水北调中线工程一期调水影响等客观原因，对于如何通过涵养水源、如何统筹规划增加本地区的生态容量筹划不足、行动不足，各地区仍是在"头痛医头、脚痛医脚"，尤其是只关注中央、省环境保护督察点名的问题，对于本地区明显存在的水污染问题却视而不见、能拖就拖。例如，对于江汉平原广大村镇普遍存在的因塘堰沟渠拦截形成的水生态系统碎片化问题，一些地区并未重视与思考，甚至认为本地区不存在此类问题。又如，对于跨界污染的问题，如四湖总干渠、汉北河、通顺河等，流域的上下游地区通常相互指责、相互推诿，较少有地区主动制定严格的标准来保证本地区水质达到高质量水平。

2018 年 1～6 月的汉江干支流数据表明，这种"任务式""反应式"治水是行不通的，是不可持续的。针对中央环境保护督察的整改意见，各地区都建章定制、整改销号，大部分任务已经严格按时间节点及规定标准完成，不可谓不重视、不可谓不尽力，水污染治理的投入、方式、手段前所未有。但是，结果是汉江干支流总体水质不仅没有大的提升，反而下降趋势明显。这充分说明流域各地区需要重新审视治理的思路，需要创新。

---

① 数据来源：湖北省住房和城乡建设厅提供材料。

2. 顶层设计不够，规划引领不力

一是对汉江流域水污染防治的统筹领导力不够。

对江汉流域水污染防治、水生态保护进行系统研究和部署不够，缺乏对污染防治的政策制定、重大工作开展进行常态化、经常性的主导和组织。目前，有关汉江流域的领导机构有：①湖北长江经济带新一轮开放开发工作领导小组[1]，统一领导包括汉江流域综合开发工作；②汉江生态经济带环境保护与生态建设委员会（简称汉江生态环保委员会）[2]，负责协调解决生态经济带区域、流域之间生态建设与环境保护的重大问题；③汉江流域水污染防治综合协调机构[3]，负责组织和协调汉江流域水污染防治工作；④湖北省汉江河道管理局[4]，主要负责汉江下游包括钟祥、天门等 9 个市（县、区）237km 河道及 441km 堤防的防洪安全。上述四类机构的目标、职责不一致，没有形成合力共同解决汉江流域水污染防治。值得一提的是，2017 年底，湖北省已经设立湖北汉江总河长[5]，负责统筹汉江管理和保护规划，加强水污染防治等协调工作。这一制度拟在汉江流域水污染防治统筹协调上发挥作用，但是，由于实施不久，制度成效还未显现。

二是有关规划对汉江流域水污染防治统筹引领不够。

（1）在国家层面，重视南水北调工程及丹江口水库、汉江上游水源区的水污染防治，国家先后制定了《丹江口库区及上游水污染防治和水土保持规划》《丹江口库区及上游水污染防治和水土保持"十二五"规划》《丹江口库区及上游水污染防治和水土保持"十三五"规划》，批准建立了丹江口库区及上游水污染防治和水土保持部际联席会议制度，明确目标责任、加强监督考核。没有将汉江中下游放在同样的重视层面。在农业面源治理方面，国家仅将丹江口库区纳入，而作为面源污染重灾区的"汉江流域"没有被纳入。对于汉江治理面源污染、防治水体污染，任务重、资金缺口巨大，没有国家的扶持，很难完成。

（2）在湖北省层面，有关汉江流域水污染防治规划目标不一，未起到统筹作用。一是，总体规划重发展引领，对水污染防治规划的引导力不足。目前总体性的规划有《湖北长江经济带生态保护和绿色发展总体规划》等长江经济带规划中统筹纳入了汉江流域，另外还有《湖北省汉江流域综合开发总体规划（2011—2020 年）》，现有的规划普遍对汉江流域产业布局、社会发展、水利工程、航道建设等谋划得多，对水污染防治规划不足，特别是对水污染防治政策措施、责任主体等都缺乏强有力的引导。二是，《湖北汉江生态经济带开放开发总体规划（2014—2025 年）》，作为汉江流域生态环保的总体性规划对水污染防治的引领力不足，对畜禽养殖粪便无害化处理和资源化利用率、化肥利用率、主

---

① 依据《湖北省汉江流域综合开发总体规划 2011—2020 年》设立。

② 依据《湖北汉江生态经济带开放开发总体规划（2014—2025 年）》设立。

③ 依据《湖北省汉江流域水污染防治条例》（1999 年）设立。

④ 湖北省汉江河道管理局，是水利厅直属的正处级纯公益性事业单位，于 1995 年由原荆州地区汉江修防处和东荆河修防处合并而成，后加挂"湖北省防汛抗旱指挥部汉江防汛办公室"。2000 年汉江局挂牌"湖北省杜家台分蓄洪区建设管理局"，承担杜家台分蓄洪区建设管理职责。

⑤ 依据《省委办公厅、省政府办公厅印发〈关于全面推行河湖长制的实施意见〉的通知》（2017 年）设立，目前由湖北省委常委、常务副省长黄楚平担任湖北汉江总河长。

要农作物利用率等有关农业面源污染防治的指标没有规定，使农业面源污染治理缺乏指标约束。三是，规划之间目标不一、未能有效对接。按照事权分工，水污染防治职能分散在生态环境、水利、农业农村、交通、土地、矿产、林业等多个部门。各个部门从本部门角度制定的规划之间目标存在不统一的情形。

3. 协调机制不健全，联动配合不到位

一是水污染防治领域的部门之间职能割裂。我国长期实行的是"九龙治水"的管理体制，各个部门之间职能交叉重叠、缺位越位、责任不明，难以形成有效合力。这种体制弊端在汉江流域水污染防治过程中同样明显。例如，水行政主管部门拥有对入河排污口设置的审批权，以及对入河污染物的监测权，但却没有污染执法权。当超标排污时，水行政主管部门只能向生态环境部门通报，由生态环境部门解决。若两个部门之间缺乏有效的衔接与配合，将会减损水污染防治的效率和效果。此外，在水域纳污能力及排污总量控制指标的确定方面，也需要两个部门的合作与协调。其中以生态环境部门为主，水行政主管部门为辅。这种部门间职能割裂，导致汉江流域的水污染防治难以有效形成合力。

二是上下游之间的联动机制尚不完善。近年来，汉江中下游地区荆门、潜江、天门、仙桃、孝感、武汉等地已经开展协调联动行动。联动机制刚刚建立，在执行过程中还存在信息不能及时共享、沟通不畅、执法合作成本高等问题，使联动机制难以有效发挥作用。

4. 排放标准过低，质量要求不高

汉江流域长期执行的是《地表水环境质量标准》（GB 3838—2002），相对于作为国家战略水源地对汉江的水质量要求，国家标准要求低。尤其是在畜禽养殖方面，按照《畜禽养殖业污染物排放标准》（GB 18596—2001）规定的最高日均排放标准值，总磷是 8.0 mg/L、COD 是 400 mg/L，氨氮是 80 mg/L，即使达标排放，也仍然会对土壤、水体造成污染。江汉平原是湖北省畜禽养殖密集区，畜禽养殖污水排放量大，该污水成为汉江水污染的第一大污染源与长期执行的排放标准低密不可分。

四、破解汉江流域水污染防治问题的对策建议

（一）提高政治站位，形成齐抓共管共识

2018 年 4 月 24～28 日，习近平总书记在湖北视察并就长江经济带建设作出重要指示。汉江流域在国家具有重要的战略地位，是长江经济带的重要组成部分，是南水北调中线工程的水源区，承担着"一库清水永续北送"的重任，养育着汉江流域 3 300 多万人口。必须将解决好湖北汉江流域水污染问题提到湖北省委省政府重要的议事日程，坚持以习近平生态文明思想为统领，以习近平生态文明思想的"六个原则"为指导，统筹规划湖北汉江流域水污染防治工作，把汉江流域水污染防治作为一场攻坚战，以驰而不息的态度，坚决有力的措施，打赢这场攻坚战。

（二）完善顶层设计，抓好基础研究

在多个层面统筹流域治理：一是统筹考虑水灾害、水污染、水生态、水环境等问题。加快推进流域水系连通及生态治理工程，优化水资源配置工程、调水工程，科学运用江河湖库水系连通工程，综合运用河湖清淤、水系连通、生态调度等措施，提高全流域水资源调控水平，增强供水保障能力和防御水旱灾害能力，促进全流域水生态文明建设。二是统筹考虑地表水污染与地下水污染综合治理。水是一个整体，不可能不管地下水，而《湖北汉江流域水污染防治条例》未将流域地下水纳入防治，要改变这种现状。三是统筹大气、土壤、固废综合治理。

（三）加强省级统筹，强化部门联动

水污染防治是一个整体性问题，必须从源头抓起，进行整体控制。汉江中下游地区荆门、潜江、天门、仙桃、孝感、武汉等地已经开展协调联动行动，接下来还需进一步优化。一是加强信息共享。二是加强执法联动。利用国务院机构改革契机，深化水行政执法体制改革，推进综合执法，建立健全水污染防治综合执法与业务管理、许可审批与监督检查、水行政执法与刑事司法之间的工作衔接机制。继续开展综合执法示范点建设，加强基层队伍执法基础设施及调查取证装备建设，进一步健全"系统联动、部门联合、区域联席"的"三联"体制机制，加大联合执法力度，有效打击汉江干支流非法排污、非法采砂、筑坝拦汉、侵占河湖岸线、破坏水资源和人为水土流失等涉水违法行为，维护正常水事秩序。

（四）实行多元化投入，确保足够财力支撑

一是要积极争取国家支持，特别是国家对"长江经济带建设"、长江流域水资源水生态保护、水土流失治理、江河源头保护、南水北调中线工程水源地保护等方面的资金和政策支持，多渠道筹集资金。落实好土地出让收益中提取农田水利建设资金，从城市建设维护税中划出一定比例用于城市防洪排涝和水源工程建设，从环境税中划出一定比例用于城乡水污染防治工程建设。二是加大对汉江流域水利、水污染防治、农业、渔业等各专项政策与资金支持力度，用足用活"湖北长江产业基金""汉江生态经济带环境保护基金"，推动汉江流域水污染防治向纵深发展。三是推动建立省、市、县的水污染防治投融资平台，加大政府与社会资本合作力度，通过财政奖补、政府购买服务、贷款贴息、参股投资、特许经营、资产拍卖（租赁）等方式吸引社会资本投向水污染防治。

（五）坚持问题导向，解决突出矛盾

深入研究湖北汉江流域水资源总体配置方案、生态容量状况。严格执行《湖北省汉江中下游流域污水综合排放标准》，加大力度解决汉江流域突出问题。严格执行工业园区产业升级与退出机制，落实沿江 1 km 的现有化工企业就地改造、异地迁建和关闭退出措施。加大对畜牧业环境污染防治的政策扶持力度，健全激励机制，加快推进畜禽养殖废弃物资源化利用。统筹城镇与农村生活污水共同治理，在有条件的地方，实现供水、

污水处理设施城乡一体化建设。开展对水生态系统碎片化问题系统评估、重构水生态系统。高度重视汉江流域水华问题，建立地方政府与生态环境部、水利部、水利部长江水利委员会及国务院南水北调工程建设委员会办公室的快速会商机制，及时有效解决水华问题。

（六）完善"河长制"机制，明确主体责任

2017 年底，汉江流域已经形成了湖北汉江干流总河长与市、县、乡、村的五级河长制体系。经过近一年来的实践探索，各地普遍反映这一制度有利于协调解决跨区域、跨部门问题。需要进一步完善的是：第一，建立各级河长联席会议制度，负责协调跨界水污染纠纷、水环境治理等重大问题。按照"一河一策"标准，出台上下游、左右岸相统一的河湖治理保护工作方案，并明确联动协调机制，监督考核标准等，形成上下联动、层层落实、齐抓共管的格局。第二，明确各级河长责任，但应注意避免河长责任完全下移，尤其是完全下移到民间河长，民间河长不具备法定的责任主任资格，责任能力有限。第三，加强对河长的培训，提高其专业熟练程度，以使其更好履职尽责。

（七）坚持依法治水，修订《湖北省汉江流域水污染防治条例》

作为湖北省汉江流域水污染防治的专门性法规，《湖北省汉江流域水污染防治条例》为汉江流域水污染防治发挥着重要作用。但是，随着汉江流域水污染问题的日益严峻，《湖北省汉江流域水污染防治条例》已经越来越不能满足需要。尤其是，近年来，随着国家修订《中华人民共和国水污染防治法》，湖北省制定《湖北省水污染防治条例》等法规，《湖北省汉江流域水污染防治条例》在制度内容上有些被架空，有些与上位法冲突，法律责任惩罚力度明显偏弱。因此，建议及时修订《湖北省汉江流域水污染防治条例》，为湖北省汉江流域水污染防治提供重要的法治保障。

湖北汉江流域水生态系统碎片化治理对策研究[*]

罗文君

受湖北省政协人口资源环境委员会委托，湖北水事研究中心承担了 2018 年湖北省政协"助推湖北汉江流域水污染防治"专项民主监督课题研究任务，其中重点议题之一就是研究汉江流域水生态系统碎片化问题。2018 年 5～6 月，课题组在湖北省政协的组织下对汉江流域所涉及的 10 市（林区）进行了综合调研。通过调研，课题组深入了解了湖北汉江流域水生态系统碎片化的基本情况及存在的主要问题，根据调研获取的一手材料，结合向省直有关部门、有关专家走访及综合调研的情况，参考查阅已有的研究成果，形成了本专题调研报告，为助推湖北汉江流域水生态系统碎片化治理提供参考建议。

一、问题的提出

2017 年 4 月，中央第三环境保护督察组指出湖北省"水资源过度开发造成水生态系统碎片化"的问题突出，其中汉江流域尤为突出，主要表现为："湖北省（包括汉江流域）共建成水库 6275 座，水电站 1788 座；汉江在流量减少的情况下，仍实施六级梯级开发，干流流速降低，水体自净能力下降，近年来年年发生水华；江汉平原水网开发利用各自为政、争相建坝建闸、拦污水、引清水、水生态系统碎片化严重；江汉平原建设各类涵闸、水坝上万座，水系长期被人为割断，水资源、水污染纠纷不断。"[①]中央第三环境保护督察组提出的这一问题对湖北汉江流域水生态环境保护具有重要意义。汉江流域在国家及湖北省的重要战略地位，以及严峻的水生态环境保护压力，要求我们必须抓紧研究水生态系统碎片化治理的策略与方案。汉江是湖北的母亲河，是长江第一大支流，中上游丹江口水库是国家战略水源地，担负着"一库清水永续北送"的政治重任。流域养育 3300 多万人口，域内 10 市（林区）2017 年地区生产总值占全省的 69.53%[②]，汉江生态经济带是湖北省"两圈两带"的重要组成部分，是长江经济带的绿色增长极。

* 作者简介：罗文君，法学博士，湖北水事研究中心研究员。

本文系湖北省政协 2018 年度"助推湖北汉江流域水污染防治"专项民主监督课题"湖北汉江流域水生态系统碎片化对策研究"的阶段成果之一。

① 参见《〈湖北省环境保护督察整改任务清单〉征求意见情况一览表》。

② 数据来源：根据湖北省统计局发布《2017 年湖北省国民经济和社会发展统计公报》及 10 市（林区）2017 年国民经济和社会发展统计公报计算得出。

近几年，随着汉江生态经济带建设速度的加快，流域内工业化、城镇化水平不断提高，水资源、水生态、水污染矛盾日益凸显，尤其是工农业生产、生活用水不断挤占生态用水空间，水生态系统的原真性、完整性不断受到人为破坏，水生态功能呈现整体退化的趋势。

水生态系统碎片化（aquatic ecosystem fragmentation）一词源于美国的麦克阿瑟和威尔逊两位学者 1967 年提出的岛屿生物地理学理论。在该理论中，两位学者提出了生境碎片化（habitat fragmentation）这一概念。他们认为，岛屿生境中的物种数量是依距离决定的定居物种数量与依面积决定的灭绝物种数量之间动态平衡的结果，且生境面积越小、孤立程度越大，其物种数量就越少。这一理论改变了当时既有的生态学思维方式，将生境空间视为影响种群和群落的重要因素之一，引发了人们对生态系统碎片化（ecosystem fragmentation）的研究兴趣。2008 年，美国学者克里斯托弗 M.泰勒和丹尼尔 S.米利肯等发表了《水生态系统大幅碎片化后美国东南部河流系统鱼类群落和流态的长期变化》一文[1]，以美国密西西比州东北部的汤比格比河（the Tombigbee River）为对象，研究了该流域的水生态系统碎片化问题，首次运用了"水生态系统碎片化"这一概念，但是该文未对"水生态系统碎片化"一词给出明确定义。

综合已有的研究，本文将水生态系统碎片化定义为：是指由于人类修建电站、涵闸、堤坝、水库、堰塘等水利设施及其他活动，改变河流、湖泊的水文连接性，破坏自然流态和生态完整性，使其分割为大小不同的生态片断的情形。生物环境的空间结构究竟在多大程度上影响了生态系统和种群过程，至今没有统一的结论。许多科学家认为，地球正面临 6 500 万年以来最大规模的生物种群灭绝，生物环境丧失和碎片化是这场全球生物多样性危机的主要驱动因素。科学界普遍认为，研究生物环境碎片化的影响和危害特别紧迫，应该得到重视[2]。尽管危害尚待进一步探索，但是从已有的研究来看，水生态系统碎片化的影响与危害至少包括以下几个方面：一是水利设施建设使河流、湖泊流态发生明显变化，而且在水体上建设的设施越多，水体流态变化越大。已有大量的监测数据表明，水利设施建成后河流流态存在显著差异，丰水期缩短、最小流量频次增加等。一些河流叠加气象变化，春、秋季影响特别明显，流量显著减少甚至断流。二是河流、湖泊生态系统因水利设施建设而片断化，水文水情破坏，对水生生物多样性形成重大威胁。区域和局域物种数量减少及鱼类群落结构改变与碎片化的程度呈正相关关系，即碎片化程度越高，物种数量减少越多，鱼类群落结构改变越大。三是碎片化使下泄水流量减少，水体流速减缓、自净能力下降，潜伏水污染隐患，加剧水污染治理难度，同时也引发水资源供需矛盾。

2018 年 4 月，习近平总书记考察长江和视察湖北时指出，新形势下推动长江经济带发展要坚持"共抓大保护，不搞大开发"原则不动摇，正确把握"五个关系"，扎实做好生态修复和污染防治工作，要制定从源头上系统开展生态环境修复保护的行动方案；立下规矩，划定红线，以壮士断腕、铁腕治江的决心，抓好生态修复和环境保护。习近平总书记的重要指示为长江流域生态环境保护与治理发出了新的动员令，为汉江流域生态环保工作提出了新要求，加强水生态系统碎片化治理，我们理应高度重视，切实贯彻落实。

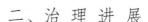

二、治理进展

中央环境保护督察组提出意见后，湖北省委省政府高度重视，把抓好问题整改作为一项严肃的政治任务和政治责任，举全省之力，按照"一条也不含糊、一件也不耽误"的工作要求，组织研讨，制定了整改方案。各地各部门按照省委省政府的部署和要求，针对水生态系统碎片化问题采取了许多措施，主要内容如下。

（1）出台了一批政策举措。由湖北省水利厅牵头，先后制定了《湖北省江河湖库水系连通实施方案（2017～2020年）》《江汉平原主要水系连通及工程调度方案》《关于进一步强化江汉平原河湖水系连通调度工作的通知》《关于抓紧修订完善江汉平原水网地区大中型涵闸调度规程的通知》《关于深入做好中央环保督察反馈意见整改切实加强水电项目环境影响评价工作的通知》等政策文件，为汉江流域各地方开展碎片化治理提供了规范依据。

（2）开展水资源调查评价。成立湖北省水资源调查评价工作领导小组，开展水资源基础资料的收集、调查、整理、分析、汇总与协调平衡等工作，2017年6月底，完成江汉平原各类涵闸泵站的详细资料编制，包含位置、级别、建设年代、结构形式、尺寸、设计流量、管理主体等，收集、整理、分析各涵闸泵站的管理模式、调度规程、管理和调度方面存在的主要问题。

（3）抓好规划编制与衔接。认真执行《水利规划管理办法（试行）》，做好水利规划与相关规划的衔接，强化规划的约束与引领。根据国家有关行政审批改革工作安排，贯彻执行《湖北省实施〈水工程建设规划同意书制度管理办法（试行）〉细则》，加强对市县执行行政审批许可检查。严格控制新建水库、水电站工程建设，优化区域水资源配置格局。

（4）实施水系连通和生态修复工程。针对人为隔断水系的情况，拟定具体的工程措施及实施整改的时间节点。武汉市、襄阳市、潜江市、天门市、十堰市郧阳区、郧西县、荆门市东宝区、钟祥市8市（县、区）开展水系连通及水生态修复工程建设项目，进行水生态文明试点城市建设。江汉平原地区城市跨区合作、确保水系畅通。武汉、荆门、潜江等7市签署了通顺河、东荆河、汉北河、府澴河、四湖流域等江汉平原主要河流的《江汉平原主要河流水资源保护跨区联动工作机制协议》，武汉、天门、汉川三地签署了《关于建立汉江闸站调度上下游联动机制的合作协议》。仙桃规划排湖水系、城区八水、河湖水系等6个连通工程项目，编制实施"一江八河五湖"规划。孝感实施大悟县丰店—彭店水库水系连通工程等4项工程建设。

（5）强化水库生态调度。明确湖北省大型水库和厅直水库最小生态流量表，全省有关水管单位逐库确定其他中型和小型水库的最小生态流量，在年度兴利调度运用计划中对生态流量、泄放方式予以保障。完善江汉平原上下游跨区域涵闸管理。潜江完成马良闸、刘台闸、建设坝等主要涵闸站调度规程，加强市级4座涵闸、镇级39座涵闸调度管理及生态补水，建立全市涵闸泵站管理调度机制。天门对汉北河、东湖等12条河流、湖泊实施生态补水，规定天门防洪闸、华严闸非汛期调度方案。孝感对180座涵闸建立台账，对新沟闸、汉川闸等7座大中型涵闸规定调度规程，对汉江、汉北河沿线小型涵闸规定总体调度规程，规定非汛期的下泄生态流量。

（6）规范水电站开发。开展引水式水电站审批情况的检查督导，对不符合生态保护要求的新建水电站项目特别是以单一发电为目的的跨流域调水或长距离引水的引水式电站项目坚决停止审批，对市、县违规审批的项目发现一起处理一起。对生态敏感区、重点保护区内电站进行生态改造，建设生态水泄放设施，试行生态流量泄放远程监测管理；对确实无法进行生态改造且经济效益低下的电站执行逐步关停退出机制。截至2017年底，神农架林区、十堰两地分别关停水电站21座和9座。

经过整改，汉江流域水生态系统碎片化问题部分得到解决，河湖水系连通能力正在逐步加强，汉江干支流下泄生态流量得到强化，流域内的主要水利设施基本摸清，流域内现有堤防总长1687.7 km，大型水库16座、中型水库92座、小型水库1719座，沿江引水涵闸522座，提水泵站2350座，中型灌区154个，大型灌区14个[①]。已建和在建的较大水利工程有：南水北调中线一期工程、鄂北地区水资源配置工程、汉江中下游治理四项补偿工程（即兴隆枢纽、引江济汉、部分闸站改扩建、局部航道整治）、梯级枢纽工程（包含孤山、丹江口、王甫洲、新集、崔家营、雅口、碾盘山、兴隆等共九级）、杜家台分蓄洪区和14个分蓄洪民垸。

三、目前存在的问题及原因

（一）存在的问题

目前，湖北汉江流域水生态系统碎片化治理仍然形势严峻。主要表现在以下三个方面。

（1）水生态系统碎片化基本格局并未改变。各类水利设施数量大。其中，水库在十堰有545座、襄阳有1210座、随州有699座、武汉有265座，涵闸在荆门有794座、天门有728座，堰塘挡坝在随州有16.78万处。汉江干流丹江口库区以下至兴隆水利枢纽之间实行水电7级开发，已开工4座，建成3座，平均不到60 km一座水电站，成为名副其实的"水库性河道"。汉江支流水电开发利用强度仍然很大，小水电站密布的情形仍在。例如，神农架有水电站75座，十堰有水电站285座（包括在建13座），襄阳有水电站11座。江汉平原水网密布，各类涵闸、水坝上万座的情形仍旧。[②]

（2）水生态系统碎片化的危害日益凸显。一是体现在汉江干流上。水电梯级开发叠加南水北调中线一期工程调水，下泄水流量减少，据预测如果中线调水达95亿 m^3 后，

---

①数据来源：湖北省水利厅，2018年湖北省政协"汉江流域水污染防治"民主监督调研材料，《关于湖北汉江流域水资源保护工作情况汇报》。

②数据来源：2018年湖北省政协汉江流域水污染防治民主监督调研武汉、神农架、十堰、襄阳、荆门、天门、随州汇报材料。

中下游多年平均流量减幅为 9.59%～30.15%，多年平均水位下降为 0.37～0.69 m[①]。干流中下游现在已经呈现水体流速减缓，自净能力减弱，天然河道水位下降，生物多样性降低，水生态功能整体退化。同时，水华发生频率加大，荆门、潜江等中下游城市近几年水华发生间隔越来越短，持续时间越来越长，2018 年春季再次发生"水华"，严重影响沿岸居民的饮水安全和生产活动。此外，一些以汉江干流来水为源头的支流也受到较大影响。例如，东荆河、通顺河径流量近几年明显减少，河流枯水期变长。二是在汉江支流上，过度的水资源开发，导致普遍下泄流量减少，部分河流甚至断流，河流生态系统的原真性、完整性严重被破坏，水生生物的生存环境被破坏，生物多样性降低。三是江汉平原水系大量的水利设施使河湖水体被阻隔和片段化，内部水体和外部江河的生态通道严重阻断。调研过程中发现，江汉平原农村小型沟渠河塘"死水塘、臭水沟"现象比较普遍，许多沟渠常年失修，导致河道淤塞、水流不畅、环境容量变小、水体的自净能力逐步丧失。水生态环境治理工作需要大力加强。

（3）碎片化加剧流域内水资源供需矛盾和水污染防治难度。由于大量建设水利设施，水资源被人为阻隔与分割，在上下游、左右岸之间引发不少争水纠纷。同时，水体的碎片化，使水体流速减缓，自净能力下降，水环境容量减少，加剧下游地区水污染防治难度。根据湖北省水利厅调研材料，汉江干流梯级开发和南水北调中线工程一期调水 95 亿 m³ 以后，汉江干流中下游的年均化学需氧量容量将由现在的 45.4 万 t 下降到 33.59 万 t，容量减少 26%，如果引汉济渭工程实施，容量将再减少 4%，即水环境容量共减少 30%，届时将导致水体稀释自净能力降低，控制污染的难度增加，汉江下游发生"水华"的概率加大[②]。

（二）原因分析

历史辩证地看待汉江流域水生态系统碎片化治理问题，主要原因如下。

（1）历时周期长，不可能一蹴而就。湖北汉江流域水生态系统碎片化问题是历史形成的，积重难返。根据统计，流域内大多数的水利设施建于 20 世纪 50～90 年代，当时为解决防洪、发电、灌溉、供水、航运等生产生活问题，国家鼓励各地大力建设水利工程、开发利用水资源。例如，仙桃的 11 座涵闸，其中 7 座建于 1958～1976 年；潜江的 16 座涵闸中 10 座建于 1962～1967 年；孝感的 105 座涵闸水库中有 104 座建于 20 世纪 90 年代以前；十堰的 285 座水电站中有 129 座建于 20 世纪 90 年代末以前[③]。

（2）利益主体多，不可能"一刀切"。汉江中下游地区的唐白河平原、襄阳宜城平原和江汉平原是国家的重要粮食主产区，依托水资源发展的种植业、渔业和第三产业是地方的经济支柱，大多数水利设施属于村镇集体所有，是农村生产经营、农民增收致富

---

①数据来源：湖北省环保厅 2018 年湖北省政协汉江流域水污染防治民主监督调研材料，《关于汉江流域水污染防治相关情况》。

②数据来源：湖北省水利厅 2018 年湖北省政协汉江流域水污染防治民主监督调研材料，《关于湖北汉江流域水资源保护工作情况汇报》。

③数据来源：2018 年湖北省政协汉江流域水污染防治民主监督调研仙桃、潜江、孝感、十堰汇报材料。

的重要支撑。十堰市是秦巴山区深度连片贫困地区，所辖县市均为国家级贫困县，开发小水电是政府实现精准脱贫的一个重要抓手。解决碎片化问题，关停拆除水利设施，涉及地方产业结构调整、原有合同补偿、重新就业安置等，处理不好可能引发新的社会矛盾。例如，调研过程中神农架林区反映关停水电站的人员分流是比较棘手的问题，一些水电站从业人员属于国有企业下岗后再就业职工，一些属于水电站建设时征用土地招录的"地打工"等，若不妥善安置会导致新的社会矛盾纠纷，但是解决人员安置需要政策和资金，目前，仅依靠林区政府自身很难完全解决。由此可见，碎片化治理的需要考虑的因素十分复杂，不可能"一刀切"。

（3）规划管理不统一，顶层设计欠缺。规划涉及土地利用、城乡发展、供水、灌溉、防洪、发电、养殖、航运等多个方面，分别由发展和改革、国土资源、水利、交通、生态环境、建设、农业、林业等多个部门和流域的各地市编制实施。长期以来，部门之间、地方之间各自为政，规划不统一，管理不统一，是汉江流域水生态系统碎片化的根本原因。现有规划普遍对流域产业布局、社会发展、水利工程、航道建设等谋划得多，对水生态系统完整性保护考虑较少。流域治理的系统性、协同性、预见性不足，至今尚未建立起统一的流域协调机制，现有协调机制目标各异、职责不一，合力不足，难以提供汉江流域水生态系统完整性保护亟须的部门与地区之间的协同性治理效果。

（4）缺乏长效制度支撑，配套政策机制不力。现有的法律、政策不能满足湖北省汉江流域水生态系统保护的需要。在国家层面上，缺乏系统的、具体的生态系统管理制度的立法，如生态状况普查与预警制度、生态环境质量评价制度、基本的生态用水保障制度、生态系统监测网络制度、生态破坏的恢复与重建制度等。已有的环境与资源保护法律并未将保护生态系统或生态平衡作为其目的，生态系统管理理念不明确、不具体，即使有部分规定也过于原则，难以具体实施。[3]湖北省有关汉江流域的专门法规仍是1999年制定的《湖北省汉江流域水污染防治条例》（以下简称《防治条例》），随着国家水污染防治法律、政策的大幅度修订和流域经济社会的新发展，《防治条例》的许多规定严重滞后，不能适应现实需要。近年来针对中央环境保护督察组反映的水生态系统碎片化问题整改，湖北省出台了一批有针对性的政策文件，但是，这些只是针对汉江流域水生态系统碎片化进行的局部"治疗"，对从流域全局进行统筹治理的系统性制度，对于一些严重影响生态的水利设施退出机制仍然缺乏标准与政策。

（5）基础研究滞后，问题认识不足。水生态系统碎片化问题是随着人类对水资源的开发利用强度增加而出现的，就如中央环境保护督察组指出的是"水资源过度开发"所致，在我国早已存在，但是一直未受到人们的重视。课题组以"水生态系统碎片化或生态系统碎片化"为主题在中国知网检索，截至2018年8月16日，只有5篇相关文献。同时，课题组搜索了国外的相关文献，发现自1967年岛屿生物地理学理论提出以来，生态系统碎片化研究一直方兴未艾，成果颇丰。这充分说明我国这方面的研究滞后。

对相关专家访谈及查阅相关文献了解到，对水生态系统的健康、水环境的保护与修复及生态调度研究工作在我国起步较晚，进入21世纪后才蓬勃展开。过去，人们对建设水利设施的认识主要集中在充分发挥其防洪、发电、灌溉、供水、航运等功能上，对于这些水利工程对水生态和水环境造成的负面影响很少考虑，包括学术研究也较少。国家在政策制定上缺少科学依据，在当时是可行的政策，到现在看来却是片面的。由于早期对生态环境的认识有一定的局限性，相关工作基础和科研支撑均比较薄弱，近年来虽然通过持续不断的研究和实践，在汉江流域的干支流生态调度上取得了一定的效果，但总体上还处于探索试验阶段，对很多生态问题的认知还需要进一步加强。已有的研究主要聚焦于南水北调中线工程一期调水的影响。对干流调水（包括引汉济渭工程实施）和梯级开发引起的水文、水情变化对中下游影响的预测、跟踪调查的研究不够。对江汉平原、鄂北岗地经济社会发展和生态环境对水资源的需求，对水生态系统问题的基础调查研究尚属零星，现状和基本数据有待进一步厘清。基础研究不足对水生态系统碎片化治理制度的设计非常不利。

（6）财政投入分散，财力支撑无力。碎片化治理是一个系统工程，涉及产业结构调整、生态水网重新布局、水系连通、生态修复、生态移民等多个方面，需要大量的资金投入。汉江流域普遍存在资金短缺问题，仅依靠地方财政投入难以支撑。流域一些地区的经济发展和环境保护矛盾突出，虽尽力安排财力投入到生态环境保护，但仍然不能满足需要。例如，十堰市所辖全部区县，是国家深度贫困区，扶贫任务艰巨，五河治理工作启动以来，虽自筹资金17亿元开展工程治理，但要在短期内完成管网改造、集中污水处理设施等任务，资金不足是最大的困难。

四、对策与建议

（1）统筹规划，全面推进汉江流域水生态系统修复。一是完善治理规划，加强流域综合治理。在清理现有规划冲突、重叠和空白的基础上，逐步推进与汉江流域水生态系统碎片化治理有关的规划"多规合一"，尽快制定"湖北汉江流域水生态系统碎片化治理规划"，科学确定汉江流域水生态系统治理的目标、思路、重点工作和重点项目。该规划要坚持生态优先原则，以生态需水为依据实行工农业生产、生活用水总量控制和管理，妥善解决汉江流域水资源开发利用不合理、生产生活用水不断挤占生态用水等问题，推动社会经济发展与水资源保护协调发展。二是在满足防洪、排涝、灌溉等目标基础上，重新规划布局合理的生态水网。尤其是江汉平原水网，应按照尊重人水和谐的理念，着力实行灌排沟渠生态改造，加强河湖湿地构建，实现区内生态系统的全面修复。三是省级相关部门要督促指导流域各地市在土地开发利用、经济结构调整和产业布局、重大基础设施建设规划方面与水生态保护及修复有机对接、联防联控、综合治理。

（2）完善流域协同机制，加强汉江流域江河湖库生态调度管理。一是明确职责，强化管理。生态调度涉及多个管理部门和利益主体，涉及上下游、左右岸不同用水区域、不同梯级水电站之间的利益协调，需要界定生态调度的相关方在不同情况下的调度权限，合理划分管理职责。逐步完善汉江干流以生态调度为主线的梯级水库管理体制和流域联合调度机制。加大对中小河流生态调度管理，重点保障枯水期的生态流量。加强江汉平原大中型涵闸联合调度机制的落实，在科学评估可行的条件下加大河湖水系连通工程，建立一个可引可排、调度灵活的江汉平原生态水系。二是建立汉江流域江河湖库生态流量技术指导准则。在水利工程对河流、湖泊的阻断和影响不可逆转的情况下，重新审视健康汉江流域河湖的评价标准和体系，明确各时期、各区域的水库生态调度目标，逐步了解和满足变化条件下的河流、湖泊生态系统可持续健康发展的需求。完善对河流、湖泊的生态用水需求的理解，对所要求的生态流量、水力参数等进行分级、分类，增加如适宜生态流量、最大生态流量等指标，开展相应的研究和试验，分层次建立和实现生态调度目标[4]。三是充分利用现代远程监测和调度等新技术，逐步实施汉江流域水利大数据战略，推进数据资源开放共享，提高对汉江流域水系的管理能力和水平。

（3）健全立法、政策配套，建立不合格水利设施退出机制。积极建言国家尽快完善生态系统保护的相关立法。尽快修订湖北省《防治条例》，建立健全湖北省的水生态系统保护地方性立法，建立不合格水利设施退出政策和标准。科学评估汉江干流梯级开发的影响，必要时停止未建设的水利工程；对汉江支流一些严重影响生态的水电站应关停拆除；对江汉平原一些年久失修、功能退化的涵闸泵站予以拆除，加大力度推进退田还湖、退耕还湿工程，尽可能恢复区内的湖泊水面。省级层面加大政策配套，妥善处理不合格水利设施退出后的合同补偿、移民搬迁、就业安置、社会保障等问题，避免发生新的社会矛盾和纠纷。

（4）设立重大科研专项，加强基础研究。著名生态学家伊诺斯指出："要理解碎片化对生态系统的影响，最大的难点可能是需获取物种多度和分布模式相关的长期数据。只有采取这种基本的历史方法，资源管理者和生态学家才明白应在何时、何地、多久对一个特定系统取样，以检测和量化生物群的重要结构或功能变化。"[1]鉴于汉江流域重要的生态、经济及社会发展地位，以及碎片化问题的复杂性，建议湖北省委省政府组织相关部门利用湖北省的科研优势资源，设立重大科研专项，尽快开展对汉江流域水生态系统碎片化治理的研究，深入调查、评估、研究汉江干支流、江汉平原的水生态系统碎片化的危害，河湖的生态需水理论，系统研究干流梯级开发叠加调水尤其是按设计水量实现全部调水后对中下游的水安全影响；重点研究如何在发挥干流梯级水库群防洪、发电、航运等巨大经济与社会效益的同时，把其对汉江中下游河流生态系统的不利影响降到最低。必要时设立汉江流域典型城市驻点科技服务工作组，摸清环境质量底线、风险影响底线和资源承载底线，解决地方突出的水生态环境问题。同时强化已有理论的应用研究，强化汉江流域水生态系统碎片化治理的立法、管理、流域协同治理等社会科学研究，跨学科、全方位地寻找解决方案，为政府科学决策提供坚实的理论支撑。

（5）拓展融资渠道，实行多元化投入，确保足够的财力支撑。一是要积极争取国家支持，特别是国家对长江经济带建设、长江流域水资源水生态保护、水土流失治理、江河源头保护、南水北调中线工程水源地保护等方面的资金和政策支持，多渠道筹集资金。二是加大对汉江流域水利、水生态修复、农业、渔业等各专项政策与资金支持的整合力度，用足用活"湖北长江产业基金""汉江生态经济带环境保护基金"，推动汉江流域水生态系统碎片化治理向纵深发展。三是完善生态补偿机制。省委省政府向国家积极争取将汉江中下游纳入国家生态补偿范围，建立汉江流域生态补偿专项基金，加大国家生态补偿转移支付力度；建立湖北汉江流域生态补偿方案，探索建立汉江中下游跨界断面水环境质量生态补偿机制，开展重点流域生态补偿试点；尝试增加汉江中下游城市与调水受益区城市之间的横向生态补偿合作，推广流域内城市之间成熟的横向生态补偿合作模式。四是推动建立省、市（林区）、县（区）的水生态环境保护投融资平台，加大政府与社会资本合作力度，通过财政奖补、政府购买服务、贷款贴息、参股投资、特许经营、资产拍卖（租赁）等方式吸引社会资本投向汉江流域水生态系统碎片化治理。

参 考 文 献

[1] CHRISTOPHER M T, DANIEL S M, MATT E R, et al. Slack, Long-term change to fish assemblages and the flow regime in a southeastern U.S. river system after extensive aquatic ecosystem fragmentation[J]. Ecography, 2008, 31(6): 787-797.

[2] MCGARIGAL K, SAMUEL A C. Comparative evaluation of experimental approaches to the study of habitat fragmentation effects[J]. Ecological applications, 2002, 12(2): 335-345.

[3] 胡德胜, 左其亭. 我国生态系统保护机制研究: 基于水资源可再生能力的视角[M]. 北京: 法律出版社, 2015: 174.

[4] 黄艳. 面向生态环境保护的三峡水库调度实践与展望[J]. 人民长江, 2018(13): 1-8.

湖北省汉江流域不达标断面问题研究报告*

黄　莎

一、2017～2018 年汉江流域水环境质量断面监测状况

汉江流域河流密布、支流众多，较大一级支流共计 15 条，包括入丹江口库区的天河、堵河、神定河、泗河、犟河、剑河、官山河，以及汇入中下游的南河、北河、唐白河、小清河、蛮河、竹皮河、利河、汉北河。2016 年 11 月 26 日至 12 月 26 日，中央第三环境保护督察组对湖北省开展了环境保护督察工作，并于 2017 年 4 月 14 日反馈了督察意见。2018 年汉江流域各市积极开展各项工作，采取多种举措，对汉江流域不达标水体断面进行整治，已经取得了初步的成效。

1. 2017 年汉江水环境质量状况

2017 年，汉江干流总体水质为优。汉江干流 20 个省控监测断面水质均为 I～II 类，其中 I 类占 5%，II 类占 95%。汉江支流总体水质为轻度污染，47 个监测断面中，I～III 类水质占 76.6%（I 类占 10.6%，II 类占 42.6%，III 类占 23.4%）、IV 类占 12.8%、劣 V 类占 10.6%。2017 年汉江流域不达标水体主要集中在天门河拖市断面（荆门）、汉北河新沟闸断面（孝感）、竹皮河马良龚家湾断面（荆门）、南河马兰河口断面（十堰）、滚河汤店断面（襄阳）、蛮河朱市断面（襄阳）。主要污染指标为总磷、化学需氧量和氨氮。

2. 2018 年 1～5 月汉江水环境质量状况

2018 年 1～5 月，汉江干流总体水质为优，同比水质保持稳定。汉江干流 20 个省控监测断面全部达标，I 类占 5%，II 类占 80%，III 类占 15%。汉江干流 11 个"水十条"考核断面，共有 5 个不达标断面（表 1）。与 2017 年 5 月相比，1 个断面水质好转，16 个断面水质保持稳定，3 个断面水质下降，钟祥皇庄、荆门至天门段（罗汉闸）和孝感至武汉段（新沟）断面水质均由 II 类下降至 III 类。

---

* 作者简介：黄莎，法学博士，湖北水事研究中心研究员。

表1   2018年1～5月汉江干流"水十条"考核未达标断面汇总表①

序号	考核城市	断面名称	水质目标	1～5月水质类别	达标状况	超标项目（超标倍数）
1	襄阳	转斗	II	III	不达标	化学需氧量（III）（0.03）
2	荆门	皇庄	II	III	不达标	总磷（III）（0.02）
3	荆门	罗汉闸	II	III	不达标	氨氮（III）（0.1）、高锰酸盐指数（III）（0.02）
4	孝感	小河	II	III	不达标	化学需氧量（III）（0.03）
5	武汉	宗关	II	III	不达标	总磷（III）（0.08）

2018年1～5月，汉江支流总体水质为轻度污染，"水十条"考核未达标断面6个（表2）；47个省控监测断面中，水质优良符合I～III类的断面占74.5%，水质污染严重为劣V类的断面占8.5%（表3），主要分布在十堰神定河入丹江口水库口（神定河口）、荆门竹皮河入汉江口（马良龚家湾）、天门河荆门至天门段（拖市）和天门至孝感段（汉川新堰）。与2017年5月相比，13个断面水质好转，27个断面水质保持稳定，7个断面水质有所下降。

表2   2018年1～5月汉江支流"水十条"考核未达标断面汇总表②

序号	考核城市	水体名称	断面名称	水质目标	水质类别	超标项目（超标倍数）	达标年限
1	襄阳市	滚河	汤店	III	IV	化学需氧量（IV）（0.1）	2016
2	荆门市	天门河	拖市	III	V	氨氮（V）（1.0）	2016
3	孝感市	汉北河	新沟闸	III	IV	氨氮（IV）（0.5）、化学需氧量（IV）（0.3）、总磷（IV）（0.1）、生化需氧量（IV）（0.1）、高锰酸盐指数（IV）（0.1）	2016
4	随州市	涢水	涢水大桥	III	IV	化学需氧量（IV）（0.3）	2016
		涢水	平林	III	IV	氨氮（IV）（0.1）、化学需氧量（IV）（0.1）	2016
5	天门市	汉北河	垌冢桥	III	IV	总磷（IV）（0.06）	2016
6	潜江市	东荆河	潜江大桥	II	III	化学需氧量（III）（0.04）	2016

①湖北省环境保护厅公布的湖北省地表水环境质量状况（2018年1～5月）。

②湖北省环境保护厅公布的湖北省地表水环境质量状况（2018年1～5月）。

表3　2018年1～5月汉江支流省控监测不达标断面汇总表

序号	水系	断面所在地	监测断面	2018年5月水质类别	2018年1～5月水质类别	2018年1～5月主要污染指标（超标倍数）
1	四湖总干渠	潜江市	运粮湖同心队	III	V	总磷（V）（0.6）、氨氮（IV）（0.2）
2	东荆河	仙桃市	姚嘴王岭村	III	IV	氨氮（IV）（0.02）、化学需氧量（IV）（0.01）
3	通顺河	武汉市	港洲村	V	V	氨氮（V）（0.8）、石油类（IV）（0.2）、化学需氧量（IV）（0.2）
3	通顺河	武汉市	黄陵大桥	IV	V	氨氮（V）（0.7）、化学需氧量（IV）（0.4）、生化需氧量（IV）（0.2）
4	涢水	随州市	涢水大桥	IV	IV	化学需氧量（IV）（0.3）
4	涢水	随州市	魏家畈小河口	IV	IV	氨氮（IV）（0.4）、化学需氧量（IV）（0.1）、总磷（IV）（0.08）
4	涢水	随州市	平林	III	IV	氨氮（IV）（0.1）、化学需氧量（IV）（0.1）
4	涢水	孝感市	隔卜桥	IV	IV	化学需氧量（IV）（0.1）
4	涢水	孝感市	鲢鱼地泵站	IV	IV	生化需氧量（IV）（0.4）、化学需氧量（IV）（0.4）、高锰酸盐指数（IV）（0.2）、氨氮（IV）（0.2）
4	涢水	武汉市	太平沙	V	IV	生化需氧量（IV）（0.3）、化学需氧量（IV）（0.2）、氨氮（IV）（0.04）
4	涢水	武汉市	朱家河口	III	IV	化学需氧量（IV）（0.2）、总磷（IV）（0.05）
5	神定河	十堰市	神定河口	劣V	劣V	氨氮（劣V）（4.2）、总磷（IV）（0.4）
6	泗河	十堰市	泗河口	IV	劣V	氨氮（劣V）（2.4）
7	小清河	襄阳市	清河口	V	IV	总磷（IV）（0.1）
8	唐河	襄阳市	埠口	III	IV	石油类（IV）（1.3）
9	唐白河	襄阳市	龚家咀	IV	IV	化学需氧量（IV）（0.2）、生化需氧量（IV）（0.08）
9	唐白河	襄阳市	张湾	IV	IV	化学需氧量（IV）（0.4）
10	滚河	襄阳市	汤店	IV	IV	化学需氧量（IV）（0.1）
11	蛮河	襄阳市	孔湾	III	IV	氨氮（IV）（0.5）
12	竹皮河	荆门市	马良龚家湾	劣V	劣V	氨氮（劣V）（1.2）、化学需氧量（IV）（0.3）、生化需氧量（IV）（0.2）

序号	水系	断面所在地	监测断面	2018年5月水质类别	2018年1~5月水质类别	2018年1~5月主要污染指标（超标倍数）
13	天门河	天门市	拖市	劣V	V	氨氮（V）（1.0）
			杨林	IV	IV	氨氮（IV）（0.4）、总磷（IV）（0.3）、化学需氧量（IV）（0.05）、溶解氧（IV）
		孝感市	汉川新堰	劣V	劣V	氨氮（劣V）（1.6）、总磷（IV）（0.3）、生化需氧量（IV）（0.2）
14	汉北河	孝感市	垌冢桥	III	IV	总磷（IV）（0.06）
		汉川市	新沟闸	III	IV	氨氮（IV）（0.5）、化学需氧量（IV）（0.3）、总磷（IV）（0.1）、生化需氧量（IV）（0.1）、高锰酸盐指数（IV）（0.1）

二、汉江流域不达标水体断面存在的主要问题

（1）部分支流污染较重、缺乏生态基流，稳定达标压力较大。十堰市的神定河、泗河，荆门市的竹皮河、天门市的天门河水质为劣V类，这些河流普遍存在污染负荷高、径流量小、缺乏生态基流等问题。鄂北岗地属于"旱包子"，为湖北降水量最少的地区，到了枯水期一些生态基流较小的河流，水环境容量进一步降低，水质下降和超标风险较大。

（2）不达标断面所处地区普遍产业结构偏重，污染治理任务艰巨。汉江干流分布了400多家企业和40个产业园区，产业多集中在汽车、建材、化纤、化工、制药等传统优势产业，排放废水量大，污染负荷高，治理难度大。

（3）环保基础设施建设相对滞后，配套管网建设不足。各市污水处理厂提标改造工作正在进行中，当前部分人口集中的城镇地区污水处理厂处理容量及标准有待进一步提高。与此同时，部分乡镇污水处理厂存在运行负荷偏低的问题，配套管网建设严重滞后，如仙桃彭场镇污水处理厂等。

（4）农业面源污染问题严重，当前治理力度有限。不达标断面流域普遍存在农村生活污水直排现象，沿线农村普遍缺乏必要的污水集中处理设施，化肥、农药、农膜废弃物等农业面源污染问题也比较突出，对流域周边环境造成影响。当前，汉江中下游农业面源污染量，荆门市居首，其次为襄阳市、仙桃市。[①]

（5）跨界水污染风险依然存在。在汉江流域15条支流中，有6条为跨省界河流，这些跨省界支流均发源于陕西省、河南省等，虽然近年来跨省界河流水质逐步改善，但

---

① 《湖北省汉江中下游流域污水综合排放标准》编制说明。

污染风险依然存在。唐河埠口断面等2017年10月水质为劣V类、V类，造成了下游湖北省考核断面同期超标。

三、汉江流域部分不达标水体断面存在的具体成因

（1）汉北新沟闸断面超标的主要原因：水利工程实施过程中，水闸长期泄流不畅，导致水体富氧功能下降，沉积物累积对水质影响较大。同时距新沟闸断面不足1 km处，设有川东污水处理厂排污口，在新沟闸阻断条件下，川东污水处理厂的尾水是新沟闸至明乐闸河段唯一水源，对考核断面水质影响较大。

（2）汉江小河断面超标的主要原因：汉川经济开发区及村民居住区的污水收集管网不完善，部分生活污水未经处理直排汉江。

（3）汉北河垌冢桥断面超标的主要原因：天门河防洪闸长期关闭，导致天门河下游段基本没有上游来水，小流域普遍在实施清淤截污工程，施工时河流断流，这些造成汉北河生态流量不足，水体中溶解氧偏低，水质恶化。同时，天门市养殖业发达，具备点多、面广、量大的特点，天门河、汉北河流域，共有1 200多家养殖场及养殖户，畜禽养殖污染有待进一步解决。另外，工业废水偷排、不达标排放仍有发生，部分工业企业污水处理设施建设不足，难以做到达标排放。

（4）汉江襄阳段及滚河断面超标的主要原因：汉江襄阳段自上而下分布有多个经济开发区和化工聚集区，还有两大化纤企业，其污水排放量很大，但目前部分工业园区集中式污水处理设施进度滞后，不能对园区排放污水进行处置，污水直排对水质达标造成影响。同时滚河还存在河流长度短、流域面积小、断面流量小的问题。1～2月为滚河的枯水期，几乎没有补水能力，同时要接纳沿线的生活生产废水，污水占比大，枯水期及春季水质达标难度大。

（5）荆门市等市断面不达标的主要原因：一是汉江中下游流域工业企业约840个，主要集中在襄阳市、荆门市和天门市。三地企业数量占流域总企业数量的71%，企业数量行业分布前三位的是化工行业、非金属矿物制品业、农副食品加工业。其中，磷肥工业为主导产业之一，目前有43家磷肥生产企业，其废水主要污染物为总磷和氨氮。二是农村沟渠不畅通问题比较突出，表现为农村黑臭水体较多。农村很多沟渠常年失修导致河道阻塞，水体不畅，环境容量变小，客观上影响着水体的纳污能力，水体的自净能力降低。当丰水期到来时，沟渠水依然会流入汉江及其支流，影响断面水质不达标。三是流域沿线水产养殖发达，精养鱼池的废水直排或通过港渠直流入汉江流域，也造成了一定的污染影响。

四、汉江流域不达标断面整改的相关建议

（1）完善城镇、乡村污水处理设施建设。加快不达标断面流域已建污水处理厂提标升级改造，确保2018年底按时完成一级A提标改造。加大不达标断面流域的城镇生活

污水收集管网建设力度，优先完成进水负荷偏低的污水处理厂配套管网建设和汉江干流沿线管网建设。加快乡镇污水处理设施建设，配合农村"厕所革命"，建设农村污水收集管网，汇集到乡镇污水处理站进行处理。农村生活污水收集处理设施与城镇污水处理厂的建设和运行具有较大区别，湖北省住房和城乡建设厅出台了《湖北省乡镇生活污水治理工作指南》，建议尽快出台农村污水治理工作技术规范，有利于农村生活污水收集处理工作的开展。

（2）进一步加强环保执法监管。推动对汉江流域造纸、印染、化工（磷肥）、冶金、建材等传统行业和企业的重点督察。严格实行排污许可证管理和工业企业红黄牌制度。将污染物排放种类、浓度、总量、排放去向等纳入许可证管理范围。进一步加大不达标流域的环境执法力度，对排放达不到要求的企业给予黄牌警告，实施限期治理或停产治理。对经治理后排放仍达不到标准的企业给予红牌，采取停产或关闭措施。要求工业污染源做到全面达标排放，对达不到排放标准的企业严格实行停产治理或关闭。重点加强对襄阳、荆门、仙桃、潜江等化工园区的整治，确保按规定建成集中污水处理设施。

（3）提升水质监测预警能力，严格跨界断面水质考核。充分利用流域内已建的跨界断面水质自动监测站监测数据，同时加快水质自动监测站建设，发挥自动监测站实时监测优势，强化水质调度分析，完善综合督导和预警机制，及时发现水质下降问题并及时预警、上下游联动及早预判处置。重点关注神定河、竹皮河、拖市等不达标和风险断面，加强风险管控。

（4）积极防治农业面源污染。大力推广测土配方施肥等科学技术，科学合理使用化肥农药流域内的化肥农药用量，确定化肥农药用量逐年下降目标，解决当前化肥农药施用过度污染水体的问题。加强规范化畜禽养殖小区的污染综合整治，推进雨污分流、粪便污水资源化。

（5）加强生态补水工作。不达标断面流域建坝、建库的河流必须要建立生态流量下放的管理管控机制，遇到干旱少雨气候必须确保生态流量下放，保障下游水质满足水环境功能区划要求，做到生态利益优先。重点治理农村沟堰河渠，疏通、连通水道，对重点河流进行生态补水，保证在枯水时增加流量改善河流水质。

湖北汉江流域集中式饮用水水源地保护问题研究[*]

王　腾

一、汉江流域饮用水水源地保护现状

汉江流域是湖北省资源要素最为密集的地区之一，为湖北沿线地区民众提供了丰富的饮用水资源。在湖北省 137 个县级以上集中饮用水水源地中，以汉江水体作为水源地的共有 26 个，其中地级以上 6 个，县级 20 个，汉江水源地数量占全省的 19%[①]。为了加强水源地保护工作，加快解决饮用水水源地突出环境问题，环境保护部于 2018 年 3 月 9 日印发了《全国集中式饮用水水源地环境保护专项行动方案》（以下简称《行动方案》），提出利用两年时间，全面完成县级及以上城市（包括县级人民政府驻地所在镇）地表水型集中式饮用水水源保护区"划、立、治"三项重点任务，努力实现"保"的目标。为落实《行动方案》，2018 年 4 月 26 日湖北省环境保护厅、湖北省水利厅联合印发了《湖北省县级城市集中式饮用水水源地环境保护专项执法行动工作方案的函》（鄂环函〔2018〕48 号），要求湖北省各地结合已清理排查县级城市集中式饮用水水源地一、二级保护区内的 83 个环境问题进行清理核实后集中整治。根据湖北省环境保护厅公布的进展，83 个环境问题中涉及汉江流域所在市（林区）的共有 45 个，其中 30 个环境问题已经得到有效解决。

通过政府有效的整改举措，湖北省水源地保护工作取得显著成效，结合生态环境部门公布的水环境质量公报数据，汉江流域县级以上饮用水水源地水质达标率为 100%[②]。虽然湖北省县级以上集中水源地保护工作取得了一定成绩，但也存在隐患，如与 2016 年相比，汉江支流 I～III 类水质断面比例下降了 6.4 个百分点，部分汉江支流（唐河入境、唐白河襄州段）水质有所下降，甚至明显下降（如小清河）。[③]这表明汉江流域水源地保护工作仍存在较大压力。

---

*作者简介：王腾，法学博士，湖北水事研究中心常务副主任。

①数据来源：《湖北省县级及以上城市集中式饮用水水源地动态清单》（2018 年 7 月），湖北省生态环境厅提供。

②数据来源：《湖北省地级以上城市集中式生活饮用水水源水质状况报告》、《湖北省县级城市集中式生活饮用水水源水质状况报告》（2018 年 6 月）。

③数据来源：《2017 年湖北省环境质量状况公报》。

二、汉江流域饮用水水源地保护主要问题与成因

(一)汉江流域集中式饮用水水源地问题

1. 城乡集中式饮用水水源地统一规范化管理存在不足

首先,部分地区已划定的水源保护区布局不合理。县级以上集中式饮用水水源保护区划定工作基本完成,但存在饮用水水源地整体布局规划不合理的情况。比如调研发现个别地市备用水源地选址不科学,正式水源地与备用水源地之间距离较近,且水系连通,备用水源地不能实现其应有的功能。然后,部分乡镇级集中式饮用水水源地尚未划定保护区,有些虽已划定,但缺乏规划统筹,没有勘界,边界模糊,群众无法辨识,规范化管理工作推进缓慢。最后,农村地区水源地集中式饮用水水源较少,分布零散,管理难度大,效率低。

2. 应急联动机制尚未建立

对于水源地保护,构建应急联动机制是关键。河流型水源地水质变化受上游影响大,而汉江流域区域应急联动机制仍不完善,如四湖总干渠潜江段的污染主要是由上游所致。孝感方面反映,汉江汉川段、汈汊湖水系承接上游污水排放,水环境质量有所下降,特别是受上游天门河影响,中支河、汈汊湖水质恶化。虽然,近年来,汉江流域沿线各城市较为重视饮用水水源地保护工作,地方政府在管理主体上实现了生态环境、水利等部门联动,取得了一定效果,如2014年天门市水利局和天门市环境保护局签订了《水污染事件预防及应急联动工作机制协议》,初步构建了在流域水污染紧急情况下两部门联合开展污染防治的工作机制,但这一机制属于市级机制,无法解决汉江流域跨界水污染问题。

3. 水源保护区内农业面源污染隐患犹存

根据2018年公布的《湖北省6月份县级城市集中式饮用水水源地环境问题清理整治进展情况统计表》,汉江流域部分集中式饮用水水源保护区内仍存在农田等潜在面源污染来源,虽然这些地方大多已出台了相应的整改方案,但这些整改方案主要集中在通过测土配方等手段实现对农药、化肥的限量或减量措施,无法彻底消除水源地面源污染威胁。有些地方虽然要求农地承包户改种经济作物,但是经济作物并不属于《中华人民共和国水污染防治法》规定的与水源地保护相关的设施,必须按照法律规定予以全部清除。

(二)汉江流域水源地问题产生的成因

1. 水源地管理体制不顺

首先,汉江流域县级以下水源地划定与保护工作由地方完成,省级层面对地方水源地的日常监管主要体现在对县级以上集中水源地的水质监测层面,缺乏对水源地划定及保护区的规范化管理工作机制;其次,按照水污染防治法的规定,水源保护区由地方政府划定,报省政府审批,但乡镇级水源地涉及地区广、数量众多,全部由省政府统一批

复，时间和进度难以统一，操作性不强。因此，省政府无法短期内实现对全省乡镇级水源地划定进行审批。同时，由于乡镇及农村环保人力与财力不足，乡镇水源地划定与保护工作滞后。

2. 省级层面缺乏协调统筹

首先，汉江流域上下游城市之间在监测信息沟通与共享、应急协调及联防联控方面尚缺乏流域层面的统筹机制，导致地方水源地污染应急处置能力不足；然后，汉江流域水源地监测频度不足，水源地水质监测数据未实现流域全覆盖，汉江流域水源地监测数据无法实现及时共享，例如，地级集中式饮用水水源地每月监测公布一次数据，县级集中式饮用水水源地每季度监测公布一次数据，乡镇及农村水源地没有公布数据；最后，部门职责冲突影响水源地污染应急处置效率。汉江流域水源地保护工作需要水利、生态环境、林业等多部门配合，当前汉江流域尚未建立省级层面的部门协调机制，无法实现水源地保护的部门应急联动。

3. 保护区内面源污染整治面临压力

汉江流域个别地市水源保护区内要清除保护区内所有农作物，这些农作物一般是由农地承包户与村集体签订承包经营合同进行种植，承包户对这些农植物及农土拥有合法产权。湖北省大部分县级水源保护区划定是在 2011 年后，而很多承包户是在十多年前便开始了承包经营，如今要清理这些承包户的农作物就意味着政府将面临解决村集体违约与经济补偿等多重问题，这给地方政府推进水源地保护工作带来较大压力。

三、加强汉江流域集中式饮用水水源地保护的对策建议

（1）实行饮用水水源地分级管理，着力弥补乡村集中式饮用水水源地保护工作短板。建议省政府审批县级以上集中式饮用水水源地，并授权地市级政府审批乡镇饮用水水源保护区区划方案。即省政府审批并监督县级以上集中式饮用水水源地，而地方政府负责划定并管理县级以下集中式饮用水水源地，省级生态环境部门负责对地方划定水源地的规划与保护情况进行现场督察，及时提出整改意见并公示。汉江流域各级生态环境部门应按照《饮用水水源保护区划分技术规范》（HJ 338—2018）全面开展汉江流域乡镇及农村饮用水水源地选址调查论证，并制订"汉江流域乡镇水源地保护划分方案"，遴选适合做集中式饮用水水源地的中心城镇建立集中式饮用水水源地与水厂，并通过管网延伸至邻近乡镇。对于较为分散、管网延伸工程投入较大的农村区域，一方面要将已经不合适的水源摒弃，选用新的优质水源；另一方面要结合城乡供水一体化思路，通过分区分片，将小型和分散式水厂进行整合兼并，建设集中式供水工程，从而改变供水设施城乡分割、过于分散的局面，提升汉江流域农村饮用水水源整体安全保障水平。

（2）完善水质监测与预警体系，提升汉江流域沿线地方政府部门水源保护区联动协调与污染应急处置能力。水质监测是饮用水水源地保护的关键工作，汉江流域沿线地方

水源地多为河流型水源，下游水源地对上游水质变化较敏感，要实现全流域饮用水水源地水质安全，必须进一步完善流域水质监测体系，具体而言，建议省政府制订"汉江流域水源地保护应急方案"，将水源保护区监测体系建设纳入水源保护区方案之中，方案应提高水源地水质监测频次，县级集中式饮用水水源地应实现按月监测，乡镇集中式饮用水水源地每年至少开展一次水质监测；建立汉江流域水源地信息系统，实现上下游水质数据共享，实现流域沿线地方饮用水水源地水质及时预警、即时处理，提高污染应急处置能力；地方政府生态环境部门应开展农村饮用水水源地调查评估，加强县级及以下水源地环保监测能力建设与风险控制，提高农村水源地安全保障水平。

（3）实施政府购买或农地置换措施，彻底清除水源保护区内的农业种植。针对汉江上游少数在水源保护区内存在种植经济作物的问题，省政府应督促地方政府在规定时间内通过两种方案解决：一是地方政府直接拿出财政专项资金补贴农村集体回购农业土地承包经营权，并对保护区内的种植土地进行全面清理。二是通过农地置换形式，即村集体与承包户重新签订承包合同，将保护区内的农地与保护区外的农地进行置换，并对承包人进行经济补偿，对保护区内的农作物进行彻底清除。省生态环境部门应组织检查组对水源地种植面源污染情况进行"回头看"专项督察。

湖北汉江流域工业集聚区水污染防治调研报告[*]

一、湖北汉江流域工业集聚区污染防治现状

（一）湖北汉江流域工业集聚区污染情况

工业集聚区在学理上通常被定义为以制造业为主体的工业综合体，在空间上连续分布或虽不完全连续但布局紧凑的地域空间。因为西方国家的工业化远早于我国，所以工业集聚区是一个外来词。在我国，工业集聚区包括了经济特区、经济技术开发区、高新技术产业开发区、保税区、出口加工区、工业园区等。工业集聚区是工业布局不断自我强化的积累过程，其形成与发展一般是市场、政府和企业三种因素共同作用的结果。其中，政府干预是影响工业集聚区区位选择和空间组织的重要外部因素。

汉江中下游流域是湖北省的主要商品农业基地、汽车工业走廊、装备制造业及纺织服装生产基地。虽然这一地区是湖北省最具经济活力的地区之一，但却存在发展方式粗放、产业结构层次偏低、工业技术含量不高和服务业发展滞后等历史遗留问题。这些工业集聚区产生的工业污染排放，尤其是汽车、建材、化纤、化工、制药等行业造成的污染，一直以来都是汉江流域水环境的巨大隐患。各沿岸城市往往将冶金、化学、造纸等污染较重的工业安排在下游布局，而机械等污染较轻的工业部门往往选择在上游布局。汉江干流的工业产业多集中在传统优势产业，其中工业集聚区工业污染排放比较典型的包括三类：一是废水，整个汉江中下游流域各工业行业对废水排放的贡献率差别较大，其中石化行业的废水排放贡献率近一半，居流域各行业之首；二是COD，石化、纺织、农副行业是汉江中下游流域 COD 排放的主要行业来源；三是氨氮，石化行业是汉江中下游流域氨氮排放的主要贡献行业。

（二）湖北汉江流域工业集聚区水污染防治情况

1. 工业集聚区污水管网建设情况

汉江流域各地方政府对工业集聚区管网建设问题比较重视，同时也面临一些难题。

---

[*]作者简介：涂罡，法学博士，湖北水事研究中心研究员。

以襄阳为例，襄阳高新技术开发区等新兴工业园区因为有完善的管网铺设和污水处理措施，所以污染物排放量较低，而樊城区等老工业园区由于工艺生产技术落后、缺乏相应的环保规划设施等，其各项污染物排放量在统计中均位于前列。

2. 工业集聚区污水集中处理设施建设情况

从调研统计资料反映的情况看，绝大部分汉江流域沿线城市的工业园污水集中处理设施建设情况较好，市（林区）工业集聚区基本按照《水污染防治行动计划》的要求建成了集中式污水处理厂并安装了在线监测装置。例如，工业企业较多的襄阳市有 15 个省级以上开发区、工业园区全部按照国家要求实现了集中处理设施建设、在线监控设施安装及与生态环境部门联网等目标。孝感汉川经济开发区（新河工业园）污水处理厂及配套管网扩建工程于 2017 年 11 月底已建成，并安装了在线监控装置，现稳定达标运行。湖北应城经济技术开发区为一园三区，长江埠、东马埠两个园区工业污水处理设施已于 2017 年建成并联网运行。

3. 相关部门对于污染企业违规排放的监管情况

各市基本都按照国家相关法律法规要求污染型企业入园，并在工业园区建立了实时监控系统，这些监控系统对排污企业的偷排行为起到了制约作用。例如，仙桃对于工业企业不入工业园，工业污水存在超标排放的情况进行了处理，搬迁 23 家污染企业，督促 65 家工业企业安装污水自动在线监控设备，查处了一系列违法排污案件，起到了震慑作用。又如，武汉临空港经济技术开发区的市控重点工业企业 23 家，其中 21 家涉水，均安装废水在线监控，由第三方维护运行。2016 年处罚过两家，2017 年没有发现在线监控数据弄虚作假及废水超排的情况。

4. 地方政府对于水污染防治法律的执行情况

理论上讲，经济发展和环境保护存在矛盾，地方政府普遍更愿意发展经济而忽视环保。从汉江流域城市看，在武汉造成的水污染，下游城市才是受害者。调研组也考察了被调研的地方政府对于环境保护的意识和执法动力。由于中央对环保的力度增加和一系列法律的出台，地方已经改变了重经济发展轻环境保护的思维，并已经在行动上将环境保护提到重要地位。

地方政府虽然从思想上认识到环境保护的重要性，但由于各种原因，一系列问题还有待解决，有些甚至困难重重。例如，天门市人民政府在汇报材料中主动反映该市在环境保护方面存在的问题，提出该市存在："工业废水偷排、不达标排放。有的工业企业环保意识差，受利益驱使，常常存在偷排现象。有的工业企业污水处理设施建设存在不足，难以做到达标排放。本市计划，加快工业集聚区集中式污水处理设施建设。加快黄金污水处理厂、岳口谭湖污水处理厂的提标改造工程建设；督促完成天门工业园集中式污水处理设施，提高工业企业管网的建设；督促工业改造或新上治污设备，提高工业企业污水排放标准，从根源上促进主要水污染减排。"

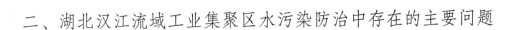

二、湖北汉江流域工业集聚区水污染防治中存在的主要问题

（一）工业集聚区集中式污水处理设施的建设问题

从调研情况看，首先，汉江流域沿线城市工业集聚区管网建设严重滞后，乡镇生活和企业污水基础处理设施及配套管网建设投入不够，规划不太科学。其中，孝感应城经济技术开发区就是典型，开发区自 2010 年规划建设，至今已有大量企业入驻生产，但是，开发区仍有部分企业污水处理设施建设缓慢，主要原因在于建设污水处理设施的地质条件差，污水管线较长，需穿越高速公路匝道、汉江引水主管线、西气东输主管线及老县河等障碍物，但这些困难本应可以通过规划提前克服，而不应在开发区运转后再想办法解决，否则会导致汉江的污染隐患。其次，部分工业园区未按生态环境部要求完成集中污水处理设施建设。最后，汉江流域各地污水处理厂执行标准普遍偏低，大部分污水集中处理设施执行的是一级 B 标准，在建的一些污水处理厂项目，也均按照一级 B 标准设计，而提高标准则面临增加投入的问题。

（二）工业集聚区集中式污水处理设施的运行问题

汉江流域的襄阳因管网不完善，管网延伸不足，有的污水无法进入园区污水处理厂处理；也有的园区集中式污水处理厂设计建设规模大，但园区涉排水企业少，进入污水处理厂的污水少，污水处理厂"吃不饱"，不能正常运行。襄阳部分工业园区集中式污水处理设施建设进度滞后，不能对园区排放污水进行处理处置，污水直排造成环境影响。例如，宜城市雷大工业园已建成集中式污水处理厂，但进水水质、水量波动较大，导致出水水质不稳定，且其排放标准为污水处理厂一级 B 标准，与蛮河宜城段目标水质相比（地表水 III 类），其污染负荷仍较重。此外，由于管网建设不完善，园区部分企业废水并未接入园区污水处理厂，部分工业企业未按要求配套建设废水预处理设施。襄阳宜城经济开发区集中式工业废水处理厂仍在建设，襄阳磷化工循环经济产业园尚未建设集中式工业废水处理厂，园区内部分企业建有污水处理设施，执行综合排放标准，部分企业未建设污水处理设施，污水直排入附近沟渠或下水道后汇入蛮河，给监管工作及蛮河水质达标造成较大压力。又如，仙桃市彭场镇污水处理厂存在运行负荷偏低的问题，要加快处理厂一级 A 提标改造及配套污水管网建设进程。

（三）工业集聚区的偷排问题

汉江流域部分沿江企业受利益驱动，存在偷排高浓度有毒有害废水情况，污水处理厂不能对污水实行有效处理，部分污水直排沙河，加重了城镇污水处理厂下游河段水体污染程度。

襄阳工业布局密集，区域污染压力很大。汉江襄阳段自上而下，分布着老河口经济开发区、谷城经济开发区、谷城石花经济开发区、樊城经济开发区、襄城经济开发区余家湖工业园区、宜城经济开发区等,其中距离汉江很近的老河口经济开发区陈埠工业园、襄城经济开发区余家湖工业园区是化工聚集区,樊城经济开发区聚集两家化纤企业,一家年排水量约800万t,另一家年排水量约400万t,这些都对汉江干流的水环境保护形成压力。[①]

又如,荆门市磷污染、重金属污染现象日益严峻,且主要存在荆门市汉江流域核心控制区内。由于很多化工企业规模较小,起点较低,污染治理设施配套不全,且目前荆门市尚未出台有效的化工行业相关排污标准及污染治理措施,流域范围内很多小企业工业污水任意排放,工业污染形势严峻。再如,十堰的湖北丹江口经济开发区、湖北郧西工业园区、竹溪县工业园区的工业污水均依托城镇生活污水处理厂处理。对房县东城工业园的工业污水,目前的解决方案只是为了应急。环保基础设施运行管理不稳定,建成的一大批乡镇污水处理厂存在建设标准低、进水浓度低、运行不稳定和后期管理不到位的问题。

三、存在问题的原因分析

(一)污水处理设施建设周期较长,且部分城市资金缺乏

高标准的污水处理厂,需要配套资金。工业企业搬迁入园的补偿,协商需要时间、专项资金也需要配备。天门市政府提出水污染治理资金投入不足,是目前工作的主要问题之一,希望上级部门给予一定的资金支持。孝感市提出,应城经济技术开发区污水处理设施建设缓慢的原因是前期招商及手续办理时间过长,地质条件差导致建设慢。十堰市提出该市所辖五县一市都是国家级贫困县,"十三五"期间扶贫任务艰巨,经济发展和保护水质矛盾突出,虽自筹资金17亿元开展工程治理,但依然存在资金缺乏问题。

(二)工业集聚区管网运营费用高

一方面,因为没有形成规模效应,有污水排放的中小型企业在运行污水处理设备的时候成本较高。另一方面,很多工业集聚区雨污未分流,雨季的污水浓度降低,增加了处理成本,这也构成了下雨期间工厂偷排的原因之一。以致很多工业集聚区的污水处理设备长年没有运行。例如,天门市岳口工业园区没有运行污水处理设备,其原因就是成本太高。

四、加强湖北汉江流域工业集聚区水污染防治的对策建议

(一)公众参与监督

理论界普遍认为,基于其复杂性和困难性,环境保护问题主要是政府的问题。但无

---

① 襄阳市环境保护局:《关于襄阳市汉江流域水污染防治工作汇报》,2018年5月16日,第5~6页。

可否认的是，公众对于环境保护和治理的作用不可低估。调研中，我们在好几个城市都和环保组织有所交流，环保组织对于工业区排污的问题很关注，但是参与环保组织的公众相对于人口来说属于极少数，公众对于工业区的污染，只能停留在思想层面，极少对工业区污染付诸行动。传统媒体对于工业区污染的报道也存在一些阻力，这样，公众就无法获知工业区发生的污染事件。

（二）集中设施处理污水

首先，在建设管网或者进行管网改造的时候，要做到雨污分流。汉江流域沿线各市（林区）应提前规划，加快推进污水管网、污水处理等环保基础设施建设，应结合《水污染防治行动计划》《湖北省水污染防治行动计划工作方案》《湖北省企业非法排污整治工作方案》的有关要求，全面推动湖北省汉江流域省级以上工业集聚区（开发区）加快建成集中式污水处理设施，完善配套管网建设，安装自动在线监控装置并与生态环境部门联网，实现园区环保基础设施基本完善、园区企业达标排放；积极推进城市生活污水管网与污水处理厂提标改造，对于存在主干管网漏损的城市污水管网设施可结合城市拆迁改造、生态环保项目开发等方式，妥善修缮，尽快实现雨污分流，降低下游污水处理厂的负荷。下游污水处理厂建设也应结合上游污水来源与管网搜集能力实施提标改造，改造容量时应考虑汛期高峰来水增量负荷的因素，同时，集中式污水处理设施建设标准应按照《水污染防治行动计划》要求达到一级 A 标准。

（三）建立污染企业信息公开制度

从规范层面看，已经有相关法律法规对流域协调机制做了制度安排。《湖北省水污染防治行动计划工作方案》要求，在长江经济带率先实施入河污染源排放、排污口排放和水体水质联动管理。2020 年，将排污许可证制度建设成为固定源环境管理核心制度，实现"一证式"管理。健全环保信用评价、信息强制性披露、严惩重罚等制度。将企业环境信用信息纳入全国信用信息共享平台和"国家企业信用信息公示系统"，依法通过"信用中国"网站和"国家企业信用信息公示系统"向社会公示。

（四）对于工业园区内已经建设好的污染处理设施，应抓紧运营

园区内的管网建设，对于生活污水和工业污水要通盘考虑。加强集中治理和企业入园建设，加强日常环境监管。强化对重点企业监管，严格执行清洁生产标准及总量控制要求，降低污染物产生强度、排放强度，从根本上促进工业企业全面、稳定达标排放，总量减排，从源头降低污染物排放强度。加快推进重点企业安装在线监控系统，并与生态环境部门联网。

湖北汉江流域规模化畜禽养殖污染问题研究报告[*]

杨珂玲

一、规模化畜禽养殖污染及治理现状

（一）规模化畜禽养殖及污染现状

湖北汉江流域涵盖 10 市（林区）的 39 个县（市、区），10 市（林区）具体包括：十堰市、襄阳市、荆门市、随州市、孝感市、天门市、潜江市、仙桃市、武汉市、神农架林区。截至 2017 年 12 月，汉江流域有规模养殖场 3 203 家，主要分布在湖北汉江流域的中上游，其中十堰、随州、荆门、潜江、仙桃 5 市的规模化养殖场约占整个湖北汉江流域的 91%。

在产污方面，据统计（襄阳和随州的养殖数据不在其中），江汉流域的其他 8 市（林区）规模化养殖牛 215 804 头，养猪 5 254 155 头，养羊 636 200 只，养殖蛋禽和肉禽 56 786 191 只，主要分布在湖北汉江流域的中游。根据 2004 年国家环境保护总局《关于减免家禽业排污费等有关问题的通知》中推荐的畜禽养殖排泄系数，江汉流域 8 市（林区）畜禽养殖年产粪约 570.8 万 t，年产尿约 423.8 万 t，年产化学需氧量约 26.2 万 t，年产总磷约 1.79 万 t，年产总氮约 5.40 万 t，其中十堰、荆门、潜江和仙桃 4 市的产污能力较强，产粪、产尿、产化学需氧量、产总磷、产总氮分别约占湖北汉江流域的 97.79%、96.92%、97.46%、97.65%、97.61%。

（二）整改落实的主要举措、主要成效

根据《水污染防治行动计划》和"中央巡视组、中央环境保护督察组反馈问题整改任务"的要求，湖北省对汉江流域畜禽养殖污染的全面治理，主要是鼓励发展规模化养殖小区、养殖场，推广绿色生态养殖，以规模养殖场为单元建设粪污处理设施，鼓励引导养殖污染物集中处置或利用。对已建大中型沼气工程，配套建设沼渣、沼液贮存转运设施设备，实现沼渣、沼液的资源化利用。

---

*作者简介：杨珂玲，经济学博士，湖北水事研究中心研究员。

主要整改措施及成效有[①]：一是有序推进养殖"三区"划定并严格执行禁养区内畜禽养殖场的关闭或搬迁工作。截至 2017 年 12 月 10 日，汉江流域划定禁养区 2 141 个，关闭或搬迁禁养区内 35 11 个畜禽养殖场，并于 12 月 11 日至 12 月 17 日完成公示。其中，武汉市关搬 687 个[②]，十堰市关搬 134 个[③]，襄阳市关搬 218 个[④]，荆门市关搬 404 个[⑤]，孝感市关搬 483 个[⑥]，随州市关搬 28 个，潜江市关搬 903 个[⑦]，仙桃市关搬 386 个，天门市关搬 268 个[⑧]，神农架林区关搬 0 个[⑨]。二是深入开展畜禽养殖废弃物资源化利用整县推进行动。仙桃、天门、京山、老河口、浠水、宜城 6 县（市）被列为 2017 年国家畜禽粪污资源化利用重点县，各获中央补贴资金 3 650 万元，合计 2.19 亿元。三是开展示范创建。湖北省累计创建了 200 个部级、900 个省级畜禽规模养殖示范场。其中，汉江流域也积极创建了一批省部级畜禽规模养殖示范场，但是在畜禽养殖禁养区关搬、限/适养区污染治理及循环利用方面仍需进一步整改。

（1）在有序推进养殖"三区"划定并严格执行禁养区内畜禽养殖场的关搬并开展"回头看"方面，汉江流域十市均积极推进禁养区禁养禁排工作，汉江流域 80% 的市州畜禽规模化养殖都分布在适养区和限养区。但在湖北汉江流域的上游，截至 2017 年 12 月底，十堰竹山县的 1 家规模化养殖场（已建成治污设施、实施雨污分流并开展了资源化利用）和孝感孝南沦河的 22 家养殖场（并未建治污设施，对污染未进行处理）仍然在禁养区未依法关搬，潜江市禁养区内经环保局认定保留了 4 家具备环保设施的大型规模猪场。

（2）在限/适养区的污染治理方面（襄阳和随州不在统计内），截至 2017 年 12 月底，湖北汉江流域 80% 的市州畜禽养殖场已建成或在建治污设施、实施雨污分流并开展了资源化利用。但是污染治理设施建而未运行情况常有发生，畜禽养殖污染排放仍较严重。据统计，十堰郧阳区 139 个限养区中有 8 个（5.8%）规模化畜禽养殖场没有实施雨污分流、没有建治污设施、没有开展资源化利用且不达标排放，有 34 个（24.5%）建成治污实施但不达标排放，18 个（13.0%）未建治污实施；21 个适养区有 12 个（约 57%）建成治污实施但不达标排放，有 1 个（4.8%）未建治污实施[⑩]。

（3）在开展示范引领，推广资源化利用模式方面，汉江流域约 30% 的市资源化利用效果较好。其中，襄阳市在全市推广集大规模养种于一体的老河口"宽泰牧业模式"，

①湖北省农业厅：湖北汉江流域水污染防治工作汇报，（四）推进畜禽绿色生态养殖。
②武汉市农业委员会：关于禁养区畜禽退养及畜禽养殖废弃物资源化利用工作情况的汇报。
③十堰市畜牧兽医局：十堰市畜禽养殖污染防治工作情况的汇报。
④襄阳市畜牧兽医局：汉江流域养殖污染综合治理情况汇报。
⑤荆门市农业局：汉江流域荆门段畜禽和水产养殖污染防治工作情况汇报，一、整治主要成效。荆门市人民政府：荆门市汉江流域水污染防治工作情况汇报，第 9 页。
⑥孝感市人民政府：关于助推汉江流域水污染防治工作情况报告；关于汉江流域水污染畜禽养殖治理情况汇报。
⑦潜江市畜禽养殖污染政治工作汇报（电子版）。
⑧天门市畜牧局：天门市畜禽养殖污染整治工作情况报告。
⑨神农架林区人民政府："关于湖北汉江流域水污染防治工作情况的报告"五。
⑩十堰市郧阳区畜牧兽医局："规模化畜禽养殖污染情况表"。

粪污实现自我消纳、自我循环的襄州"喜旺旺模式"和利用生物特性对粪便进行高效利用的襄州"良友金牛模式"；荆门市积极探索区域性粪污集中处理中心试点，该试点已建成蔬菜专业合作社及水肥一体化等区域性禽粪污集中收集处理利用中心4个；潜江市也有水肥一体化沼液集中处理设施，并探索畜禽粪便饲料化生物处理技术和畜禽粪便能源化利用技术。

二、规模化畜禽养殖污染防治存在的问题及其原因

（一）个别地区禁养区禁而不止，部分地区原址拆而不修

1. 补偿资金不足，个别地区禁养区禁而不止，部分地区禁养区关而复养

禁养区关搬退养补偿资金不足，个别地区禁养区禁而不止。根据湖北省禁止养殖区划分要求[1]，潜江市禁养区内保留了4家具备环保设施的大型规模猪场，十堰竹山县禁养区内保留了1家规模化养殖场，其建成了治污设施，实施了雨污分流并开展了资源化利用。而孝感孝南沦河禁养区内未关搬的22家养殖场并未建设治污设施，对污染未进行处理。

禁养区关闭搬迁补偿资金不均，关停退养问题台账不完备，禁养区"回头看"开展不足，造成禁养区内仍存在复养隐患。十堰市禁养区内134家畜禽规模养殖场虽已全部关停，但由于地方财政无力承担拆迁补偿，养殖圈舍拆除补偿难以落实，部分圈舍没有拆除，有复养隐患，给各级政府带来了工作压力，造成了一些不稳定因素。

2. 畜禽养殖场关停后原址未实现拆尽复绿

禁养区畜禽养殖关搬后的修复治理主体责任不明[2]，污染治理补偿资金不足，造成畜禽养殖关搬后的修复治理尚存隐患。有的养殖场虽然退出了禁养区，但原来生产过程中产生的污染和残留并没有完全清除，由于治理主体责任得不到落实，治理效果不明显，容易造成再次污染。调研组走访刘明顺养猪场，该场生猪存栏量500头左右，因临水而建，其畜禽粪便等污染物易对流域造成污染，遂于2016年下半年开始拆除，但至调研组到达现场为止，发现原场地依然留存大量附属设施，原场拆除实际尚未实现拆尽复绿，依然对周边流域水体存在污染风险[3]。

---

① 湖北省环境保护厅，湖北省农业厅，《湖北省畜禽养殖区域划分技术规范（试行）》，鄂环发〔2016〕5号。《畜禽规模养殖污染防治条例》（国务院令第643号）。

② 《湖北省畜禽养殖区域划分技术规范（试行）》（鄂环发〔2016〕5号）、《畜禽规模养殖污染防治条例》（国务院令第643号）与《湖北省畜禽养殖废弃物资源化利用工作方案》（鄂政办发〔2017〕101号）中均未对禁养区内畜禽养殖关搬后的修复治理主体责任有明确说明，只提到谁污染谁治理。

③ 王腾调研资料：《随州、十堰两地调研情况》。

（二）限/适养区粪污处理效率低，资源化利用实现难度大

根据《湖北省畜禽养殖区域划分技术规范（试行）》（鄂环发〔2016〕5号），限制养殖区内畜禽规模养殖场（小区）须实现畜禽养殖废弃物全部资源化利用或达到《城镇污水处理厂污染物排放标准》（GB 18918—2002）的要求，排放总量达到区域控制的要求。适养区内的畜禽规模养殖场应当实现养殖废弃物的循环综合利用或达到国家《畜禽养殖业污染物排放标准》（GB 18596—2001）的要求。

1. 污染治理责任分配不当，农民治理能力不足，治污设施运转不起来

目前，汉江流域沿线各市规模化畜禽养殖场所对畜禽排泄物的处理技术还比较落后，污粪得不到有效的利用；规模化养殖户原来配套的治污设施没有得到充分利用，部分养殖户基于成本和劳动强度的考虑建而不用，给监管带来很大的压力[1]。畜禽规模养殖场是养殖废弃物资源化利用的主体，要根据养殖规模，按照"一场一策一方案"要求，建设与之相应的收集、储存、处理设施并保证其正常运行。但是由于受到资金和技术的限制，畜禽养殖场的污染治理能力有限，最后出现污染治理设施未建、建而未运行、运行后治污效率低等情况。据调研，仙桃市畜禽养殖场基本未采取雨污分流，未对污水进行处理，大量养殖废水排入水体，对河流的氨氮贡献量大；畜禽养殖粪污综合利用设施不足，大量粪污直接倾倒。

2. 资金投入不足等，粪污资源化利用实现难度较大

目前，畜禽养殖资源化利用不足主要是因为：一是种养分离，大田农作物利用相对较少。畜禽养殖规模化和集约化程度提高，使得畜牧生产逐步从农业生产体系中脱离出来，同时农户普遍使用化肥，使得养殖业与种植业分离，有机肥主要用于果茶菜基地，大田农作物利用占比不高，资源化利用还有较大空间和潜力[2]。二是资源化利用设施标准不高[3]。目前，汉江流域已建成一批资源化利用技术先进、利用率高的示范场和示范企业，但是大部分企业受资金、认识等影响，资源化利用设施设备建设标准不高。三是粪污循环利用有机肥项目落地难，有机肥选址环评不达标，土地协调、项目落地困难大，项目进展缓慢。

三、规模化畜禽养殖污染防治的对策建议

探索新型融资模式，加大政策扶持力度，实现养殖粪污的循环利用，推广有机肥的大面积使用[4]。湖北省畜禽养殖废弃物资源化利用工作的总体要求是："坚持多元投入，建立企业投入为主、政府适当支持、社会资本积极参与的运营机制。充分发挥市场配置

---

[1]《湖北省畜禽养殖废弃物资源化利用工作方案》（鄂政办发〔2017〕101号），三、工作任务中的（五）。

[2] 荆门市农业局：汉江流域荆门段畜禽和水产养殖污染防治工作情况汇报。

[3] 十堰市畜牧兽医局：十堰市畜禽养殖污染防治工作情况的汇报。

[4]《畜禽规模养殖污染防治条例》（国务院令第643号）。

资源的决定性作用，引导和鼓励社会资本投入，培育和壮大畜禽养殖废弃物资源化利用市场主体。"

目前，猪-沼-果/蔬生产模式已经成为解决畜禽养殖污染的有效途径，但鉴于养殖企业这一主体治污能力的不足，及该生产模式完全依赖政府投入的融资方式可能带来政府财政资金的低效率，因此迫切需要在政府引导下探索新型融资模式（PPP模式）：环保企业投入＋社会资本融入＋政府补贴。具体实现步骤如下。

（1）县人民政府按照公开、公平、公正的原则，通过农业部门把关、专家评审、受益群众评价及公开招标等方式，组织遴选合作伙伴，该合作伙伴是既负责个体养殖户的粪污收集、运输、储存及加工成有机肥，又负责向种植户提供有机肥的环保企业、合作社或个人。

（2）依托项目重构责任主体，农业部门、财政部门和合作伙伴要签订合作协议，共同确保转运任务顺利完成。①政府从服务的直接提供者转变为项目的监督者，督促合作伙伴完成合同目标并为其提供良好的政策环境。农业部门主要负责核定合作伙伴转运有机肥数量、统计当地种植业的消纳量及合作伙伴的收益情况，合理确定补助标准，确保合作伙伴获得合理稳定的利润；制定有机肥还田利用标准，补贴种植户使用有机肥的金额，确保还田效率。财政部门主要配合农业部门对合作伙伴转运任务量进行核定审查，确保任务顺利完成。②合作伙伴需要与辖区内的养殖户及种植户对接，确保粪污的及时清运及防止粪污偷排，保证合同目标的顺利完成，比如与种植户、政府协商有机肥价格，对养殖户粪污储存情况进行日常巡查等，还需要提升自身能力建设，形成更专业化的服务团队，增加自身优势。

（3）确定出资形式及规模。①社会资本是通过公开招标、竞争性谈判等方式获得合作资格的国企、民企和外资企业等大型经营主体，自身资金实力雄厚，或者可以通过其他渠道整合市场资源，因此政府投资比例较小。②合作伙伴是个人或合作社，资金有限，需要政府对前期的设备投入进行补贴，保障投资者获得合理回报。所以，此时要求政府投入较大。补贴方式包括：一是通过"补建设"帮助建立抽施粪服务队伍，二是通过"补运营"帮助降低运输成本，以此降低有机肥价格，培育农户的用肥习惯。

（4）加强成本效益分析，逐步建立动态补贴机制，推动畜禽粪污有效还田。①要以培养农户良好的有机肥使用习惯为前提。项目开展后，政府可通过补贴的方式刺激农户的用肥意愿，最高可以补贴有机肥市场价格的50%。对于有机肥的稳定需求是PPP项目持续运行的关键。②成本效益分析。一是从环保企业的成本-收益分析合作伙伴的盈利情况，探讨有机肥转运PPP项目的经济可行性。收益主要来源于种植户购买、政府补贴及养殖户为粪污清运所缴纳的费用。二是从种植户的成本-效益分析农户的收入状况及补贴在利润中的占比，由此判断若政府补贴撤出后该PPP项目的可持续性。成本主要包含种植中使用的农药、化肥、有机肥、人工及机械费用等，收益来源于农产品的销售收入。三是从财政资金实现污染物减排效率的角度分析成本-效益，从而分析该PPP项目污染物减排效率及所投入财政资金的使用效率，包括财政资金的投入状况、粪污的处置情况及主要污染物减排量等指标。③根据成本效益分析及当地农业种植对畜禽粪污的消纳能力，科学合理地安排地区养殖量和养殖规模，实现粪污产生和农业种植需肥在时间及空间上的匹配，最大限度地减少废弃物处理压力。④在以上三方面的前提下，如果种植实现增产增收的效果，则种植户对有机肥的使用需求不断加大，对有机肥价格的承受能力不断提升。因此，在抽施粪服务体系完全建立之后，可以尝试撤销车辆补贴，补助资金全部用于购买服务，同时逐步下调运输补贴标准，差额部分由种植户承担，确保PPP模式的可持续运行，为后续财政补贴退出PPP模式奠定基础。

政策评估

党的十八大以来，我国脱贫攻坚取得决定性成就。脱贫攻坚目标任务接近完成，贫困人口从 2012 年底的 9899 万人减少到 2019 年底的 551 万人，贫困发生率由 10.2%降至0.6%，区域性整体贫困基本得到解决。做好水库移民脱贫攻坚工作是推进我国农村精准扶贫、精准脱贫和全面建成小康社会战略实施工作的重要组成部分。本版块将在深入分析农村水库移民扶贫困境基础上，探索解决其困境的对策路径，以期为加强和推进农村水库移民精准扶贫工作，提升农村水库移民扶贫精准性提供有益启发。

精准扶贫视角下水库移民扶贫困境与对策研究*

嵇 雷

2013 年 11 月，习近平总书记到湖南湘西考察时首次提出了"扶贫要实事求是，因地制宜。要精准扶贫，切忌喊口号，也不要定好高骛远的目标"[1]。2015 年 6 月，习近平总书记就加大力度推进扶贫开发工作提出了"六个精准"思想，即"扶贫对象精准、项目安排精准、资金使用精准、措施到户精准、因村派人精准、脱贫成效精准"。精准扶贫既是我国农村扶贫开发战略的新要求，也是农村水库移民扶贫运行的目标和指南。早在 2006 年国务院发布的《国务院关于完善大中型水库移民后期扶持政策的意见》就明确提出"改善移民生产生活条件，逐步建立促进库区经济发展、水库移民增收、生态环境改善、农村社会稳定的长效机制，使水库移民共享改革发展成果，实现库区和移民安置区经济社会可持续发展"的指导思想。2016 年 4 月国家发展改革委、财政部、水利部、国务院扶贫办发布的《关于切实做好水库移民脱贫攻坚工作的指导意见》，明确提出了水库移民精准扶贫的具体方案和措施。因此，提高农村水库移民扶贫精准性是实现库区和移民安置区经济社会稳定发展的必然要求。

基于此，笔者立足于我国大力推进农村扶贫攻坚和全面建成小康社会战略背景，从精准扶贫视角，在深入分析农村水库移民扶贫困境的基础上，探索解决其困境的对策路径。

一、农村水库移民扶贫的困境

从精准扶贫视角来看，农村水库移民扶贫还存在一些突出问题，归纳起来，主要有 5 个方面。

（一）水库移民扶贫对象识别不精准

精准扶贫是以精准识别为基础的，只针对建档立卡贫困户。一旦精准识别出现偏差，就会出现建档立卡的贫困户主并非真正的贫困户，真正的贫困户未被纳入建档立卡户的现象。部分有需求的贫困移民因信息滞后、能力缺乏等原因而无法获得扶贫服务，在这种情况下，即使针对建档立卡户的精准扶持措施到位，实际效果突出，但以收入标准进

---

*作者简介：嵇雷，社会学博士，湖北经济学院法学院教授，湖北水事研究中心研究员。

行精准考核必然出现大大低估精准扶贫效果的问题，影响其扶贫功能发挥的精准性。甚至，一些县（市）在识别贫困村和贫困户时，标准比较随意，公开程度不够，与村干部关系密切的被识别，移民贫困户、与其关系一般的则被遗落或更换。一些村组对贫困户基本情况量化得分的公开程度有限，很多村仅公开每户总评分，没有将各类得分全部公开；移民代表也没有尽到宣讲解释的职责，使得一些真正贫困的人口还未识别和纳入扶持范围，导致群众满意度不高。[2]

（二）水库移民扶贫项目安排不精准

目前，我国农村水库移民扶贫普遍存在有效需求不足、供给缺位等突出问题，重要原因在于农村水库移民扶贫项目安排不够精准。扶贫项目没有完全瞄准贫困人口，贫困农户较难从扶贫开发中受益。首先，扶贫项目的种类与贫困移民的需求缺乏对接。一些贫困移民有需求的项目没有纳入扶贫范围及缺乏政府支持，而一些政府规定的扶贫项目对于贫困移民需要不足。其次，大部分扶贫项目缺乏从提高移民贫困户自我脱贫能力方面进行设计，资金和项目管理体制不符合精准扶贫的要求。由于致贫原因的多样性和差异性，精准扶贫需要有高度的针对性，需要因户因人采取扶持措施，即需要什么扶持什么。但以往的扶贫资金通常是与项目捆绑在一起的，缺乏足够的灵活性。具体项目又往往由上级扶贫部门或移民机构确定，而且还规定了比较详细的实施规模和标准，对于大部分基础设施项目，这些规定有一定的合理性，但对于单独的移民贫困户而言，各户的需求不仅千差万别，往往还是多方面的和不断变化的。例如，除了多样化的产业发展和创收方面的需求，移民贫困户在住房、医疗服务、农业生产技术培训等方面都存在需求。到户的扶贫项目如果由上级部门确定，则很可能会与实际需求脱节，一些贫困户需要的项目没有资金支持，而不需要的项目又有资金来源。这不仅会导致扶贫精准度的下降，还会造成扶贫资金的浪费，降低扶贫资金的使用效率。[3]

（三）水库移民扶贫项目和投资缺乏有效的贫困户关注机制

一是，以往水库移民扶贫开发的重点是库区和移民安置区的基础设施，但移民贫困户由于缺乏经营活动而普遍没有利用基础设施（如道路）来提高收入的能力。基础设施的改善通常给贫困村中相对富裕的农户带来了更多的利益。二是，一些到户项目（如沼气项目）因为贫困户负担不起配套资金而不能平等参与。三是，产业扶贫项目也往往因为贫困户的观念、技术、能力和资金等多方面的限制而难以覆盖贫困户。四是，扶贫移民搬迁因贫困户负担不起搬迁成本出现"搬富不搬穷"的问题。调查发现，湖北移民贫困户危房改造的补贴费用在 1.5 万～2.0 万元，其余需要贫困户自筹，这不是真正的贫困户所能承担的。

（四）水库移民精准扶贫的考核标准太单一

当前各级政府以减贫数量为考核标准，容易造成地方政府和基层干部在数字上做表面文章的问题。调查中一个较为突出的问题就是扶贫项目的选择权和决定权在县、乡镇级，村一级无项目和资金的自主权，移民贫困户更没有决定权。以笔者调查过的湖北某移民贫困村为例，该村贫困农户普遍反映扶持项目不知道谁决定的，与前几年没有什么区别，至于政府投入多少扶贫资金，群众都搞不清楚。扶持项目的决定权不在贫困户，导致移民贫困户对目前进行的精准扶贫工作参与性并不高。同时，一些移民干部反映，在当前精准扶贫工作考核压力下，不得不搞一些"短平快"的扶贫项目，扶贫项目"输血"功能有余，"造血"功能不足。例如，资助几百甚至数千元不等的现金让贫困移民买些种猪、种鸡，帮助贫困移民户养殖几头猪、几十只鸡，或者发放化肥、种子、农药等农业生产资料给贫困户，以期让其尽快脱贫，而对其可持续发展、能力提升则难以顾及。

（五）贫困移民收入来源单一，资本积累少且流动性差

水库移民的收入来源主要靠农业生产和打工收入。随着经济体制转轨，社会结构转型，外出打工收入逐渐成为移民的主要经济来源。然而外出打工对劳动力技能要求高，花销大，移民很难积累财富。大多数贫困移民的资本积累只能够维持平时生产和生活需要，在面临风险的时候不具有转换性，不能转变为可以交换的资产来降低风险。农村金融体系发展滞后，金融机构数量不足、质量不高，且贷款手续繁杂，担保制度不合时宜，移民贷款难与难贷款现象并存。移民在遇到上学、婚嫁、大病等大笔的经济支出时，一般不会去银行，而是通常在亲戚朋友之间相互借款，或者是通过"高利贷"，这同样加剧了贫困。贫困户由于没有抵押和担保而经常被银行贷款排除在外，难以获得贷款用于创收活动，资金短缺成为限制贫困户发展的重要瓶颈因素。

二、完善农村水库移民扶贫的路径

脱贫攻坚目标任务接近完成，贫困人口从 2012 年底的 9 899 万人减到 2019 年底的551 万人，贫困发生率由 10.2% 降至 0.6%，区域性整体贫困基本得到解决。实现农村水库移民脱贫是圆满完成我国总体脱贫攻坚目标的重要一环。要想实现农村水库移民精准扶贫、精准脱贫的战略目标，结合水库移民脱贫攻坚工作的实际，应做好以下几方面的工作。

（一）坚持实质公平和精准扶贫理念

首先，我国农村水库移民脱贫攻坚工作必须以实质公平理念为指导，在坚持公平优先的基础上，也应兼顾效率，以平衡水库移民扶贫中的关系主体利益，实现库区和移民安置区经济社会稳定和可持续发展。其次，要确立精准扶持理念。精准扶贫、精准脱贫是我国新时期农村扶贫开发的战略目标与指南，水库移民脱贫攻坚工作的核心目的在于防控农村水库移民社会风险与提高扶贫者的自我发展能力。我国农村水库移民扶贫应以精准扶持为指导理念，构架农村水库移民精准识别、精准扶持、精准管理制度体系，提升农村水库移民扶贫工作的经济绩效、社会绩效和环境绩效。

（二）加强移民政策法规和管理制度建设

政策法规是做好水库移民脱贫攻坚工作的制度保障，应不断健全完善水库移民政策法规体系，提高依法开展水库移民脱贫攻坚工作的水平。加快新一轮移民条例的修订工作进度和配套政策法规体系建设步伐，同时推进后期扶持相关政策制度的完善[4]。尽快完成移民条例关于耕地补偿标准条款的修订，衔接农村土地制度改革和土地管理法修订，同时建立完善移民安置监督评估、移民安置验收、稽察、审计，以及移民统计制度，创新移民安置方式，统一水利水电工程和其他建设项目征地补偿和相关税费标准，统一水利水电工程移民管理机制和政策标准，建立库区和移民安置区可持续发展的长效机制。

（三）建立扶贫协作机制

建立水库移民扶贫与产业扶贫、开发扶贫、金融扶贫等协作机制，是放大水库移民扶贫功效、形成扶贫合力、全面提升扶贫绩效和精准性的重要途径。水库移民脱贫工作应规定移民管理机构、发展改革委、扶贫部门、财政部门、信贷机构、产业管理部门等建立扶贫工作定期会议和联席会议制度，构建水库移民扶贫与产业扶贫、信贷扶贫、财政扶贫、电商扶贫等扶贫方式的联动工作机制和扶贫服务创新机制。

（四）重点培育贫困家庭中"关键少数"的技能

长期以来，我国的扶贫开发一直是以政府主导的模式为主，这一"自上而下"的模式难免脱离移民贫困户的实际需求，不利于调动贫困户的积极性和主动性。因此，构建一种由贫困户参与的"自下而上"的需求表达机制，开发移民贫困户的自身潜力，确立贫困户的主体地位显得尤为重要和迫切。鉴于此，当前贫困户的自我能力提升一是要树立以贫困农户需求为中心，提高贫困户的主体意识，构建长期稳定的贫困户意愿表达机制，多倾听来自贫困地区贫困户的呼声，尊重贫困户的知情权、参与权和受益权，从而更有针对性地帮助他们解决好亟待解决的迫切问题。二是要进一步更新观念，更多地运用市场经济的办法和手段来促进贫困户自我能力的提升，让贫困户成为市场经济的参与者和受益者。不论何种类型的贫困户，人都是扶贫中的关键性因素。因此，提升和解决贫困户家庭中的"关键少数"的技能对于带动家庭整体发展能力的提升至关重要。一是对于贫困家庭中年轻力壮的"顶梁柱"，政府应考虑提供免费的定期培训，甚至可以在移民安置区设立培训基地，实施订单式培养，真正使其掌握一技之长，能够对家庭经济起支撑作用，从而带动整个家庭脱贫。二是特别关注贫困家庭的异质人口群体。对于贫困家庭中长期患慢性疾病者和年老体弱者，应从政府社会保障层面予以优先保障，以起到"兜底"效应；对于缺乏技能的劳动妇女，从技能培训和资金信贷等方面予以重点扶持。

（五）充分发挥社会力量参与水库移民脱贫工作的积极性

扶贫资源是有限的，政府即使投入大量的人力物力，也很难对贫困人群做到时刻关注，这就需要动员民间力量和资源去继续帮助贫困的边缘人群，为他们提供工作岗位、资金和技术支持等，帮助他们尽早脱贫，并防止他们返贫。一是通过新闻传媒定期公布扶贫、脱贫信息，为爱心人士与扶贫工作搭建平台和渠道，使社会力量也能参与到扶贫开发工作中来。二是积极培养脱贫带头人。水库移民脱贫攻坚工作还要充分发挥脱贫带头人的重要作用，在扶贫资金项目中要安排专项资金加以培育，也可以在规范带领贫困户脱贫任务基础上通过产业扶持方式重点扶持脱贫带头人。要大力宣传脱贫带头人，要给他们一定的政治待遇和荣誉，鼓励其带动行为。同时要把脱贫带头人与农业技术人员和各类专业性人才培养结合起来，把他们培养成新一代农技员、销售员、互联网人才、理财投资专家，把开发扶贫、农业产业扶贫、电商扶贫、金融扶贫工作落到实处。三是充分发挥第三方评估的作用，对贫困退出机制进行有效的监测评估，建立贫困退出评价体系，将扶贫对象最关心的扶贫政策纳入到贫困退出评测指标中来，构建科学有效的贫困退出机制指标体系，政府接受评估机构及群众的监督，构建科学、公平、公正的贫困退出体系和机制。

（六）大力发展特色优势产业

大力发展特色优势产业是提升移民贫困户自我发展能力和"造血"功能的有效载体。然而，缺乏启动资金是他们普遍面临的难题。为此，建议在移民贫困村建立"村级产业发展互助社"。互助社按照"政府＋企业＋社员＋其他"的运行模式，搭建专门针对移民贫困户提供金融服务的互助资金平台，从而解决他们在产业发展中的资金瓶颈制约。同时，要严格规定贫困户只能将借款用于种植、养殖及创业等特色优势的富民增收产业。此外，移民安置区所在地的移民管理机构应设立特色产业发展基金，并将此项支出列入当地财政的预算范围，以此来破解移民安置区发展特色优势产业的资金制约。

（七）增加移民贫困群体的社会资本存量

在提升移民贫困户能力的过程中，除了侧重于对他们物质资本和人力资本的投资外，还应强化对其社会资本的投入，设法增加贫困户这一群体的社会资本存量。但在移民安置区，由于贫困户文化素质较低等原因的限制，以及我国专门针对移民贫困群体的保障制度尚不完善，移民贫困户的保障和维护自身权利的能力较弱，因而无法发挥应有的保障功能，致使在现实生活中漠视和损害移民贫困群体权利的事情时有发生。鉴于此，迫切需要建立和完善专门针对移民贫困群体的社会救助办法，旨在从制度层面保障移民贫困群体的根本权利，以此构建移民贫困群体的正式社会支持网络。同时，重新构建贫困群体的自组织系统，通过扩大农户社会关系网络，鼓励农户参与社区事务或者农户自发形成一些协会、组织等社会网络，引导其形成生产、生活等方面的互助机制，以此搭建起移民贫困群体的非正式社会支持网络体系，使之成为正规的风险应对机制的有力补充。

参 考 文 献

[1] 新华社. 习近平赴湘西调研扶贫攻坚[EB/OL].[2013-11-03]. http://politics.people.com.cn/n/2013/1103/c1024-23416639.html.

[2] 李鹍. 精准扶贫恩施市龙凤镇的政策背景、实施现状与对策建议[J]. 清江论坛, 2014(4): 40-44.

[3] 陈全功, 程蹊. 精准扶贫的四个重点问题及对策探究[J]. 理论月刊, 2016(6): 5-8.

[4] 唐传利. 创新水库移民工作 精准实施水利扶贫[J]. 中国水利, 2015(24): 34.

立法论证

    本版块收录了《孝感市府澴河流域保护条例（草案）》及《湖北省汉江流域水污染防治条例》（修订稿）的立法论证报告。报告分别深入分析新形势下孝感市府澴河流域和湖北省汉江流域面临的水资源、水环境及水生态等问题，较为全面地论证制定《孝感市府澴河流域保护条例》和修订《湖北省汉江流域水污染防治条例》的必要性与可行性，并对这两部地方性法规的立法目的、立法原则、立法制度与法律责任等内容进行构想与设计。

《孝感市府澴河流域保护条例》立法论证报告*

王　腾　罗文君　黄新华

府澴河为长江中游北岸一级支流，干流发源于大洪山北麓海拔 1 042 m 的斋公岩，自北向南流经随州市的随县、曾都、广水后进入孝感市境内，经安陆市、应城市、云梦县、孝昌县、孝南区进入武汉市，经东西湖、黄陂区，在黄陂区境内汇入滠水后注入长江，干流全长 331.7 km，流域面积为 14 769 km²（不包含滠水流域）。府澴河孝感市境内全长 118.5 km，涉及安陆市、孝昌县、孝南区全部行政区范围，大悟县和云梦县大部分行政区范围及应城市局部区域。府澴河流域孝感段地貌自南向北为平原、丘陵、山区。南部海拔在 50 m 以下，河湖与丘陵叠错分布，是江汉平原的重要组成部分，土地肥沃，素有"鱼米之乡"的美称；中部区域海拔在 50～200 m，是大洪山向东绵延的低矮山岗，岗平坡缓，间有平川；北部区域海拔在 200～500 m，低山丘陵系桐柏山、大别山余脉，属鄂北岗地的一部分。

一、孝感市府澴河流域的突出生态环境问题[①]

府澴河流域是湖北省重要的粮棉油生产基地和经济发达地区。随着流域工农业快速发展、城镇化建设不断推进，人口规模、资源需求对水资源和生态环境压力不断增大，规模化畜禽养殖、工业园区建设、城市基础设施建设等大规模建设活动，导致流域生态环境遭受破坏，一些突出的生态环境问题正日益影响着孝感市经济社会的可持续发展，主要体现在以下 5 个方面。

1. 岸线开发利用不合理

水域岸线管理涉及自然资源、水利、交通、航道等部门，长期以来部门间缺乏沟通，权责划分不明确，部门间岸线建设与后期管理相互影响。河道确权划界难度大、效果差，侵占河道现象仍然存在。首先，府澴河大部分河段未完成划界确权。根据现状调查，府澴河随着梯级开发及堤防工程的建设，仅部分河段堤防或水库实施了划界确权，但仍有

*基金项目：本文系国家社会科学基金项目"环境立法前评估研究"（16BFX099）的阶段性成果。

作者简介：王腾，法学博士，湖北水事研究中心常务副主任；罗文君，法学博士，湖北水事研究中心研究员；黄新华，法学博士，湖北水事研究中心研究员。

① 参见《湖北省府澴河一河一策实施方案》，2018 年 10 月。

部分河段未完成划界确权,河流的管理范围不清,没有与自然资源等部门沟通,没有进入自然资源部门数据库和用地图纸,造成临河或近堤身建筑较多,影响河道管理和防汛。其次,部分岸线侵占现象严重。按照《湖北省河道管理实施办法》,河道管理范围还应包括河道滩地,但同样管理使用权属不明确。因此河道管理部门执法难度大,河道违法行为不能及时有效制止,当地村组及村民与河争地、与堤争地。村民利用河道耕作,干旱时期河道层层打坝取水。当地政府或企业对一些河道进行旅游开发建设,造成水质污染和生态环境破坏等。再次,部分岸线资源开发利用不合理。由于府澴河以前未系统进行过岸线的开发利用规划,在现状的岸线开发利用中,重开发利用,轻岸线保护,甚至存在违法开发建设行为。局部河段岸线利用布局不尽合理,对防洪安全、河势稳定、供水安全及生态环境保护带来一定影响。局部河段岸线开发利用程度高,岸线资源紧缺矛盾突出。局部河段岸线利用效率低,岸线资源浪费严重,岸线保护和开发利用管理有待进一步加强。最后,府澴河流域仍有个别县(市)存在河道非法采砂现象。

2. 水资源严重短缺

(1)总量不足。府澴河年内径流过程极不均匀,5~9月径流量占全年总径流量的70%以上,其中7月径流量占比可达25%~30%,而枯水期12月、1月、2月的径流量占全年总径流量不足3%。上游随州多山区,具备修建大中型水库的条件,下游孝感多丘陵和平原,河流两岸宽阔平缓且多级阶地发育,形成了"大水留不住、小水不上岸"的尴尬局面。目前,府澴河上游已建成29座大中型水库,干流建成3座水利枢纽及多处橡胶坝,每遇干旱年份,上游来水经水库群、拦河坝层层拦截,造成下游经常断流,严重影响两岸工农业生产和居民生活用水,河道内生态需水得不到保障,从而引发一系列生态环境问题。[1]

(2)用水超标。根据各地市分解到县(市、区)的最严格水资源管理"三条红线"控制指标和2015年水资源公报,评价流域内各县(市、区)2015年的用水量,其中孝感市孝南区、应城市2015年用水量已超过用水总量红线控制指标,水资源消耗没有得到有效控制;孝感市的大悟县2015年用水量已接近总量红线控制指标,处于临界状态。

(3)用水低效。流域周边城市管网漏损率仍然较高,流域内大中型灌区的节水改造建设已开始见成效,但总体效果与要求仍有差距,灌溉保证率仍未达到设计标准,水资源消耗情况仍然存在。

(4)水质性缺水。根据《湖北省府澴河一河一策实施方案》资料调查显示,按化学需氧量和氨氮双指标评价,府澴河干流一级和二级水功能区合计13个分区中,达标分区为7个,不达标分区为6个,达标率为54%。孝感段干流安陆、云梦等城区段水质多数时段不达标,下游河段甚至达到了劣V类水质,主要超标项目为氨氮、总磷、氟化物等。

---

[1] 参见《湖北省府澴河一河一策实施方案》,2018年10月。

3. 水污染问题突出

（1）部分排污口污水排放不达标，部分直接排入府澴河。根据调查，府澴河沿线仍有部分排污口污水排放不达标，府澴河排污口水质达标率较低，局部河段还存在污水直排的情况。

（2）城乡生活污水处理能力不足。城市地区部分老城区存在污水管网漏损、城市污水处理厂出现超负荷运行等问题，仍有部分城市生活污水未得到有效处理；已建的部分污水处理厂处理能力不足；污水管网建设不完善，导致部分城镇生活污水未能得到有效处理。府澴河流域农村农业人口稠密，生活污水排放量高，但农村污水收集处理率较低，2018年以前除安陆市和应城市建设了两个乡镇污水处理厂外，其他各县（市）农村产生的生活污水都没有进行处理，通过沟渠或地表径流等直接进入河道。另外，农村生活垃圾随意丢弃，部分垃圾直接入河。目前在府澴河流域尚未形成农村污水收集机制，简易农村生活污水处理设施也鲜见。

（3）农业面源污染局部地区较严重。农业污染源主要是农田种植污染，据调查，府澴河流域农业常用耕地面积较大，主要是水田和旱田，且化肥施用量高，水土流失情况较为严重，随州市进入水体的化肥污染物浓度较高，水体污染严重。另外，部分地区在临水岸线上存在大片农田耕地，农药化肥随雨水冲刷后直排流入水体，给流域水环境带来重大隐患。

（4）工业企业清洁生产需要加强。府澴河流域内各县（市）均存在一定数量的工业企业，规模较大的工业企业均已实行清洁生产，内部治理废水；集中工业园区污水处理设施基本建设完成，且能够达标排放，但有一些规模较小的企业，尤其是小作坊式的乡镇企业，没有设置任何的污水处理设施，污水也没有纳入管网，任其横流，基本上未经处理便直接依靠地面径流自然排放到府澴河。

4. 水生态保护形势严峻

首先，涵闸统筹调度不够，沿线涵闸在农灌期间因农田灌溉用水需求，大多处于关闭状态，农田排灌水和沿线农村生活污水累积，汛期涵闸泵站开启排渍排涝，大量污染负荷汇入府澴河干流。其次，枯水期废污水排放造成部分河段污染严重。部分城市的入河排污口缺乏科学、统一的布局规划，部分地区存在污水未经处理或处理不达标，排入涵闸渠系的情况，最终影响水功能区的水质管理目标和用水安全。再次，涵闸排水威胁敏感保护目标的生境安全。部分涵闸位于涢水翘嘴鲌国家级水产种质资源保护区核心区内，在鱼类繁殖期4～7月，可能受到丰水期涵闸排涝过程带来的面源污染影响，威胁黄颡鱼、鳜、乌鳢、鲢、鳙、青鱼、草鱼、鳊、鳊等物种的生境安全。

5. 生态环境管理执法水平与能力有待提升

（1）河湖长制组织机构建设尚待完善。孝感市水利局设有河长办公室，专司孝感境内河湖保护工作，各地市及县（市、区）均已设置了河湖长制办公室，河湖长制组织机构建设正在逐步完善，但未配齐专职工作人员，多由水利部门下属河道管理处（河道局）或其他人员兼任，造成河道管理部门人手紧张、超负荷运转，河长制办事机构力量还较薄弱，难以发挥对全市河长制实施的指导、协调、监督作用。县级以下专业技术人员严重匮乏。

（2）执法队伍和装备建设不足。目前，府澴河河道执法管理队伍往往是一套班子、多块牌子，人员少，装备差，特别是专业技术人员严重匮乏，难以适应河长制管理的需要。根据中央第三环境保护督察组反馈的 22 号问题："府澴河孝感段沿线共有涵闸 56 座、拦河坝 8 座，大多未依法开展项目环境影响评价。"河道存在违章建筑，反映出了执法能力不足，执法监管不严等问题。①

（3）监测体系不完善。府澴河支流滠山河、滚子河等入府澴河河口缺乏环保监测数据，监测体系不完善。

针对这些突出问题，仅依靠政策性治理、运动式治理是不够的。因此，本次孝感市立法机关专门进行府澴河流域保护立法，是对府澴河流域面临的突出生态环境问题的必要回应，立法是长效制度保障，是提升流域管理水平、解决流域突出问题必不可少的工具。

二、孝感市府澴河流域保护立法的必要性

（一）贯彻国家长江经济带发展战略的需要

推动长江经济带发展是党中央作出的重大决策，是关系国家发展全局的重大战略，对实现"两个一百年"奋斗目标、实现中华民族伟大复兴的中国梦具有重要意义。习近平总书记在推动长江经济带发展座谈会上指出："长江拥有独特的生态系统，是我国重要的生态宝库。当前和今后相当长一个时期，要把修复长江生态环境摆在压倒性位置，共抓大保护，不搞大开发。"《长江经济带生态环境保护规划》提出要"突出抓好良好水体保护和严重污染水体治理，解决长江经济带突出水环境问题"，肯定了长江水环境保护与治理在长江生态环境保护中的基础地位。《长江保护修复攻坚战行动计划》进一步明确以改善长江生态环境质量为核心，推进水污染治理、水生态修复、水资源保护"三水共治"，确保长江生态功能逐步恢复，环境质量持续改善。

府澴河为长江中游北岸一级支流，是湖北省仅次于汉江、清江的第三大水系，是长江大保护的重要节点之一，确保府澴河水生态环境良好对于建设人与自然和谐共生的现代化新格局和保障区域经济社会可持续发展具有重要意义。然而，近年来府澴河遭受到过度的开发利用致使水环境逐步恶化，水生态功能退化。《长江经济带生态环境警示片》（1 小时版）指出，由于水资源过度开发，府澴河孝感段生态环境问题较为突出，生态系统碎片化，存在流量变小、流速变缓、河道淤塞、水面变窄、水质污染、鱼类减少等问题。为创造良好的人居生产生活环境，实现人与自然的和谐共生，府澴河孝感段水环境综合治理工作迫在眉睫。

以上问题的出现，说明在府澴河流域管理与保护现状和国家长江经济带实现绿色高

质量发展的要求尚存在一定差距，其中既有自然因素（如自然流量偏少导致的生态容量不足），也存在管理缺位、体制不全、机制不顺、规范不足、执法不严等问题，解决这些问题，首要的对策是按照一河一策的要求，通过流域立法的方式，来实现对府澴河这一关乎孝感未来发展命运的战略性资源进行有序利用与规范保护，以此实现对国家长江经济带重大发展战略的深入贯彻。

（二）落实国家与地方最新流域法治理念的需要

2012 年 11 月，党的十八大从新的历史起点出发，作出"大力推进生态文明建设"的战略决策，提出"面对资源约束趋紧、环境污染严重、生态系统退化的严峻形势，必须树立尊重自然、顺应自然、保护自然的生态文明理念，把生态文明建设放在突出地位，融入经济建设、政治建设、文化建设、社会建设各方面和全过程，努力建设美丽中国，实现中华民族永续发展。"自此，生态文明成为我国的国家发展战略之一，这对我国新时代法治建设提出了新要求。2014 年《中华人民共和国环境保护法》进行了修订，明确规定"保护环境是国家的基本国策"，并明确环境保护坚持"保护优先、预防为主、综合治理、公众参与、污染者担责"的原则，在第一条立法目的中增加："推进生态文明，促进经济社会可持续发展"的规定，并在责任层面更加突出政府责任、监督与法律责任。

2015 年 4 月 16 日，国务院正式向社会公开《水污染防治行动计划》（以下简称"水十条"），"水十条"是我国环境保护领域的重大举措，充分彰显了国家全面实施水治理战略的决心和信心。它是建设生态文明和美丽中国的应有之义；是落实依法治国，推进依法治水的具体方略；是适应经济新常态的迫切需要；是实施铁腕治污，向水污染宣战的行动纲领；是推进水环境管理战略转型的路径平台；是推动稳增长、促改革、调结构、惠民生的必然要求。"水十条"作为国家切实加大水污染防治力度，保障国家水安全而制定的重要政策，是我国新时期治水、护水、用水、管水的重大制度，也是我国当前流域立法的基本遵循与最新要求。如"水十条"提出的"运用系统思维解决水污染问题""保障生态流量""跨界水环境补偿机制""重拳打击违法行为"等要求，需要通过地方流域立法予以具体实现。2018 年，我国流域保护立法的重要上位法《中华人民共和国水污染防治法》经重新修订正式实施，该法加大了地方政府的水环境责任，规定"县级以上地方政府要对本行政区域的水环境质量负责"，并对水环境违法的边界、重点水污染物排放总量控制制度、排污许可证制度、水环境监测网络、饮用水水源保护区管理制度等做出了具体要求。

在地方立法层面，2012 年 10 月 1 日《湖北省湖泊保护条例》颁布实施，明确了湖北省湖泊流域治理的法制路径，提出了湖北省湖泊保护的具体目标与政府责任；2014 年 7 月 1 日《湖北省水污染防治条例》颁布实施，其被湖北各界称为最严"水法"，为"千湖之省"湖北的水资源保护提供了制度保障；2017 年 1 月，湖北在全国率先出台《关于全面推行河湖长制的实施意见》，针对"千湖之省"的省情水情，率先统筹"河长制＋湖长制"，实行"河湖长制"；2016 年 10 月 1 日《湖北省土壤污染防治条例》颁布实施，明确了实行土壤污染防治行政首长责任制和土壤环境损害责任追究制；2017 年 1 月 21

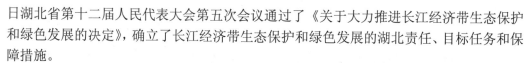

日湖北省第十二届人民代表大会第五次会议通过了《关于大力推进长江经济带生态保护和绿色发展的决定》，确立了长江经济带生态保护和绿色发展的湖北责任、目标任务和保障措施。

以上各项制度的推行，构建了湖北省流域法制的基本框架，但这些地方立法或属于生态环境资源综合性立法，如湖泊、土壤、水均只涉及流域保护的某一方面，或属于对全省落实国家有重大政策的执行性、指导性规范，如《湖北省关于全面推行河湖长制的实施意见》等，在具体的地方流域保护工作中，这些可以成为重要的规范依据，但每一个流域都是一个独立的自然环境单元，都有其区域与流域的特殊性，需要通过具体有针对性的制度设计以提高地方执法效率及效果。

（三）解决流域管理与保护突出问题的需要

根据府澴河在水资源开发、水环境现状、水污染支流现状、水生态现状等方面的管理保护现状与问题，总结出府澴河存在以下突出问题。

一是府澴河大部分水域岸线未进行划界、确权，不利于河道管理和防汛。河道权属是河道管理的基础，明确河道的权利主体，就是明确河道的保护主体与责任主体。河道权属的模糊甚至冲突，让局部河道堤防管理处于无序状态，就会导致侵占河道、破坏河道的行为普遍发生，将可能威胁府澴河流域防洪与生态安全。

二是干流拦河闸坝较多，遇枯水期层层拦截，造成下游基本生态流量较难保障，影响河流生态环境。府澴河来水量不大，因此地方必须借助修坝筑闸留住客水，增加供水量，以保障沿线地区生产生活需要，但频繁密集的进行拦水设施建设，可能引起水生态碎片化问题，影响府澴河流域生态安全。就此问题，中央环保督察曾经明确指出并要求整改，但限于各种原因，问题的彻底解决尚存在一定困难，这主要是因为地方在解决相关问题方面缺乏明确具体且可操作的配套制度予以支撑。

三是污染物入河量较大，部分河段水质不达标，考核断面水质达到 III 类以上的优良率较低。从现实状况看，府澴河在孝感境内是一条纳污河，周边大量的工业企业排放的污水未经过充分处理排入河流，导致府澴河流域断面监测数据不稳定，局部尚存在不达标情况，严重影响了流域水环境的改善；城乡污水管网设施建设不完备、污水收集率不高、雨污分流不到位问题均在一定范围内存在，导致生活污水直排入河；府澴河流域部分区段农民占用堤坝围垦耕地，所施撒的化肥经雨水冲刷流入河流；一些农民在河流岸线进行畜禽养殖，粪污无害化处理设施不健全，对流域水环境带来了严重隐患。

四是水质不达标带来的水生态、水环境问题突出，水生生物资源退化。府澴河流域由于闸坝较多，各闸坝缺乏统一调度，干旱时期河道水量经层层拦截，导致下游河道内生态水量不足，甚至出现脱水或断流河段，严重破坏河流生态系统。另外，拦河闸坝的修建使得河道水深、流速等水文情势发生变化，造成原有激流生境的改变甚至消失，这些因素对流域内水生动植物的生长环境造成严重影响，特别是有些坝体还建在孝感市两个国家级水产种质资源保护区内，对保护区生态环境带来威胁。

习近平总书记指出，保障水安全，关键要转变治水思路，按照"节水优先、空间均

衡、系统治理、两手发力"的方针治水，统筹做好水灾害防治、水资源节约、水生态保护修复、水环境治理。这一重要论述以辩证思维和系统方法指导治水兴水的重大实践，也对流域管理与保护突出问题的解决提出了宏观要求。府澴河流域立法可以将流域问题的解决方案以一部地方流域综合性立法的方式呈现，既实现多种方案的协调融合，体现了"系统治理"的原则，又可以增加流域规范的力度与刚性，提高流域治理的效果。

（四）提升流域安全水平与环境质量的需要

府澴河流域的生态环境安全关系着孝感市辖530多万人民群众的生命健康与财产安全，也关系着孝感市经济社会可持续发展，保护府澴河流域生态环境安全就是保护孝感安全，因此，加强流域保护，提升府澴河流域安全水平是孝感重大民生问题，也是孝感市地方政府的重大政治责任。流域安全包括两个层面，一是防洪安全，二是生态安全。在防洪方面，因府澴河流域岸线确权划界问题较为复杂敏感，一些堤岸权属无法明确划定，导致河流的管理范围不清，没有与自然资源等部门沟通，没有进入自然资源部门数据库，造成临河或近堤身建筑较多，影响河道管理和防汛。以此引发河道采砂、堤岸围垦、河道管理部门执法难度大、河道违法行为不能及时有效制止、河段岸线利用布局不尽合理等问题，对防洪安全、河势稳定、供水安全及生态环境保护带来一定影响。在生态层面，在府澴河水量总体供给不足的自然条件限制下，随着府澴河水资源的开发利用和工农业的迅速发展，水生态环境恶化趋势明显。一方面，府澴河干支流上修建了大中小型各类水库869座，随州市以下干流上修建了3座拦河枢纽工程和2座壅水坝橡胶坝。由于各闸坝缺乏统一调度，干旱时期河道水量经层层拦截，导致下游河道内生态水量不足，甚至出现脱水或断流河段，严重破坏河流生态系统。另一方面，拦河闸坝的修建使得河道水深、流速等水文情势发生变化，造成原有激流生境的改变甚至消失；洄游通道阻隔也对水生生物遗传性状和种质质量的影响较大，安陆市、云梦县橡胶坝分别建在府澴河细鳞鲴国家级水产种质资源保护区和涢水翘嘴鲌国家级水产种质资源保护区内。

党的十八届五中全会把"生态环境质量总体改善"明确为全面建成小康社会新的目标要求，呼应了全社会的热切期盼。根据《中共湖北省委省政府关于全面推进河湖长制的实施意见》确定的总体目标及《府澴河流域综合规划》确定的2020年近期规划目标，结合府澴河流域开发、治理和保护现状，确定府澴河管理保护目标为：到2020年，府澴河流域用水总量和用水效率得到有效控制（严格控制在红线以内），各水功能区入河主要污染物排放总量明显下降（均严格控制在限排量以内），河湖水环境明显改善，饮用水水源地水质全部达标，黑臭水体基本清除，干流水功能区水质达标率提高到85%以上，考核断面水质优良（达到或优于Ⅲ类）比例达到83%以上，人民群众满意度明显提高；完成河道管理范围划定工作，建立流域长效管护机制。因此，实现府澴河流域环境质量改善成为各级政府必须攻克解决的重大课题。近年来，虽然孝感市在府澴河流域治理方面主动作为，取得一定成绩，但府澴河流域质量改善任务依然艰巨。如2017年，老府河道桥下和长江埠上段面全年水质均为劣Ⅴ类，水质年达标率分别仅为58.3%和16.7%，超标指标主要为高锰酸盐指数、化学需氧量、生化需氧量、氨氮和总磷。2018年，道桥下和长江埠上段面全年水质均提升至 IV 类，水质年达标率均为 66.7%。尽管较 2017 年，2018 年老府河水质状况有所改善，但 2018 年老府河超标期水质仍达到了劣 V 类。国家要求与地方实践的差距决定了流域治理必须要使出更加严格、长效、管用的手段，而为府澴河单独立法可以成为一项现实选择。

（五）促进孝感地区经济社会高质量发展的需要

高质量发展是 2017 年中国共产党第十九次全国代表大会首次提出的新表述，表明中国经济由高速增长阶段转向高质量发展阶段。《2018 年国务院政府工作报告》指出："按照高质量发展的要求，统筹推进'五位一体'总体布局和协调推进'四个全面'战略布局，坚持以供给侧结构性改革为主线，统筹推进稳增长、促改革、调结构、惠民生、防风险各项工作。"

府澴河流域是孝感市经济社会发展的重要战略资源，是孝感工农业发展的重要生产资料，也是城乡居民重要的饮用水源，因此，孝感市的经济社会发展避免不了要开发利用府澴河，但随着经济的粗放发展，流域开发利用过度导致的环境问题严重影响着府澴河的自然生态价值的充分发挥，既在一定程度上限制了孝感工农业生产，又给孝感市人民生活质量带来一定影响。因此，必须从完善流域法制入手，通过对流域保护专门立法的形式，完善府澴河流域保护体制机制，明确政府、企业与个人的法律义务，以此促进改善流域生态环境质量，保障流域自然生态资源供给侧改革的落地实施，让绿水青山变成金山银山，最终实现孝感市经济社会高质量发展。

（六）对中央环境保护督察组反馈问题的整改回应需要

中央环境保护督察组对湖北省的第一次督察和督察"回头看"都指出了孝感市府澴河流域管理与保护中存在的问题。2017 年 4 月中央环境保护督察组在反馈给湖北省环境保护督察整改任务中明确指出孝感市在府澴河流域存在水资源过度开发造成水生态系统碎片化的问题，"府澴河流域面积仅约 1.8 万 m²，建设水库达 888 座，河流水体'湖泊'化。府河孝感段沿线共有涵闸 56 座，拦河坝 8 座，大多未依法开展项目环境影响评价。位于孝感的老府河，因上下游被人为闸断，长约 19 km 的河流已成为一段死水，水质恶化严重。"[①]对此问题，湖北省水利厅和孝感市也明确了整改目标。

2018 年 10～11 月，中央第四生态环境保护督察组对湖北省第一轮中央环境保护督察整改情况开展"回头看"，针对长江保护修复工作统筹安排专项督察，并形成督察意见。经党中央、国务院批准，督察组于 2019 年 5 月 6 日向湖北省委、省政府进行了反馈。其中，孝感市府澴河流域治理又被指出存在问题。督察指出："2016 年湖北省启动沿江重化工及造纸行业企业专项集中整治行动，明确整治范围为长江、汉江、清江及其主要支流，但省发改委擅自将整治范围缩减为'沿长江及其一级支流'，一些地方甚至进一步缩减。孝感市未将府澴河纳入整治范围，该河属于长江一级支流，流域 15 km 范围内有 15

---

① 中央环境保护第三督察组，《湖北省环境保护督察整改任务清单》，2017 年 4 月。

家重化工及造纸企业,专项集中整治行动开展以来,部分企业仍存在废水超标排放问题。①此外,还指出孝感市对退垸还湖敷衍应对,仅对养殖区域进行小段开挖,湖面碎片化无明显改观,却声称已完成年度任务。

中央生态环境保护督察制度已经成为我国一项重要的、常规性的生态环境督政制度。对于中央第四生态环境保护督察组指出的府澴河流域问题,孝感市各级党委政府必须引起高度重视。府澴河流域问题是长期以来经济社会发展累积的结果,对其治理并非一朝一夕、短期内所能完成,需要久久为功、长远谋划,建立长效制度方有可能。本次立法是孝感市党委政府对中央第四生态环境保护督察组反馈问题的及时回应,是下定决心解决府澴河流域问题的重要体现,更是从根本上解决府澴河流域问题的长效制度保障。

三、孝感市府澴河流域保护立法的可行性

(一)国家大政方针与湖北战略举措为流域保护立法提供了空间

生态环境是关系党的使命宗旨的重大政治问题,也是关系民生的重大社会问题。习近平总书记在全国生态环境保护大会上指出:"党的十八大以来,我们开展一系列根本性、开创性、长远性工作,加快推进生态文明顶层设计和制度体系建设,加强法治建设,建立并实施中央环境保护督察制度,大力推动绿色发展,深入实施大气、水、土壤污染防治三大行动计划,率先发布《中国落实2030年可持续发展议程国别方案》,实施《国家应对气候变化规划(2014~2020年)》,推动生态环境保护发生历史性、转折性、全局性变化。"习近平总书记的讲话深刻阐释了法治建设对于生态文明建设战略实施的重大意义,同时也为新时代我国生态文明建设相关立法提供了重要的政策支持。《中共中央、国务院关于加快推进生态文明建设的意见》明确指出,我国生态文明建设主要目标之一便是"生态文明重大制度基本确立",要求"基本形成源头预防、过程控制、损害赔偿、责任追究的生态文明制度体系,自然资源资产产权和用途管制、生态保护红线、生态保护补偿、生态环境保护管理体制等关键制度建设取得决定性成果"。这些政策目标的设定为地方流域立法提供了宏观的立法指引。

国家确立的长江经济带发展战略为长江流域立法提供了依据。2018年习近平总书记在武汉主持召开了深入推动长江经济带发展座谈会并发表重要讲话。他强调,推动长江经济带发展是党中央作出的重大决策,是关系国家发展全局的重大战略。新形势下,推动长江经济带发展,关键是要正确把握整体推进和重点突破、生态环境保护和经济发展、总体谋划和久久为功、破除旧动能和培育新动能、自我发展和协同发展的关系,坚持新发展理念,坚持稳中求进工作总基调,坚持共抓大保护、不搞大开发,加强改革创新、战略统筹、规划引导,以长江经济带发展推动经济高质量发展。习近平总书记的讲话明确了我国开展长江经济带建设的重大政治意义与总体目标,而要正确处理与把握其中提

---

① 环保督察回头看,湖北擅自缩减沿江重化工及造纸行业整治范围,http://www.sohu.com/a/312028851_260616,2019-05-06。

出的"五大关系"均涉及相关领域的重大改革，需要完善的立法予以保障。

湖北省近年来在深刻领会并贯彻落实习近平总书记讲话精神的基础上，以"共抓大保护，不搞大开发"为规矩和导向，把修复长江生态环境摆在压倒性位置，深入实施长江大保护"十大标志性战役"和"十大战略性举措"，推动长江经济带科学发展、有序发展、高质量发展。"十大标志性战役"与"十大战略性举措"的实施，体现了湖北省在实施长江经济带绿色发展方面的决心，但在这一过程中，发展与保护是必须妥善处理的一对矛盾，要处理好这对矛盾，必须坚持用法制"红线"守住长江的生态"绿线"，同时，"十大标志性战役"与"十大战略性举措"提出的目标正是法制"红线"的设立依据，也是未来实现长江经济带绿色发展的制度保障。

（二）具有坚实的上位法依据

1.《中华人民共和国宪法》依据

2018 年 3 月新修订的《中华人民共和国宪法》将"生态文明"、包含绿色发展在内的"新发展理念""和谐美丽"等内容正式入法，不仅实现了生态文明从政治概念到法律概念的转化，提升了生态文明概念的法律地位，也使生态环境保护成为国家权力行使的基本内容，具有了国家统治的正当性基础。[1]《中华人民共和国宪法》的最高效力位阶决定了其规定对全国各地方的拘束力与指向性，而且体现出遵守的积极性与长期性的要求，"生态文明"入宪已然使环境保护成为国家治理的一项基本任务，全国各地方应该从其治理秩序中为环境保护确定地位，湖北省在府澴河流域的生态文明建设上同样如此。同时，《中华人民共和国宪法》第一百条第二款规定："设区的市的人民代表大会和它们的常务委员会，在不同宪法、法律、行政法规和本省、自治区的地方性法规相抵触的前提下，可以依照法律规定制定地方性法规，报本省、自治区人民代表大会常务委员会批准后施行。"宪法的该条款为孝感市立法机关对所辖府澴河流域保护进行立法提供了明确的宪法性依据。

2.《中华人民共和国立法法》依据

《中华人民共和国立法法》第七十二条规定："设区的市的人民代表大会及其常务委员会根据本市的具体情况和实际需要，在不同宪法、法律、行政法规和本省、自治区的地方性法规相抵触的前提下，可以对城乡建设与管理、环境保护、历史文化保护等方面的事项制定地方性法规，法律对设区的市制定地方性法规的事项另有规定的，从其规定。设区的市的地方性法规须报省、自治区的人民代表大会常务委员会批准后施行。省、自治区的人民代表大会常务委员会对报请批准的地方性法规，应当对其合法性进行审查，同宪法、法律、行政法规和本省、自治区的地方性法规不抵触的，应当在四个月内予以批准。"第七十三条规定："地方性法规可以就下列事项作出规定：（一）为执行法律、行政法规的规定，需要根据本行政区域的实际情况作具体规定的事项；（二）属于地方性事务需要制定地方性法规的事项。除本法第八条规定的事项外，其他事项国家尚未制定法律或者行政法规的，省、自治区、直辖市和设区的市、自治州根据本地方的具体情况和实际需要，可以先制定地方性法规"。《中华人民共和国立法法》第七十二条、第七十三条中对设区的市进行地方性事项、报批时间及立法方法都做了明确的规定，为本次立法提供了坚实的立法依据。尤其值得一提的是，《中华人民共和国立法法》第七十二条第二款中明确指出设区的市的立法机关有权对环境保护作出立法规定，本次孝感市立法机关对府澴河流域保护进行专门立法，属于环境保护方面的立法，是完全符合《中华人民共和国立法法》规定的地方立法。

3. 其他上位法依据

由于《孝感市府澴河流域保护条例》属于设区的市进行的地方性法规制定，从效力位阶上来看，其属于最低位阶的立法，这些上位法一方面为本条例制定提供坚实的依据，同时也要求必须认真梳理上位法依据，避免重复冲突。

总体上，本条例需要考虑的上位法较多，除《中华人民共和国宪法》《中华人民共和国立法法》外，还要考虑法律、行政法规、部门规章、省级地方性法规和政府规章。据不完全统计，包括《中华人民共和国环境保护法》《中华人民共和国水法》《中华人民共和国水污染防治法》《中华人民共和国防洪法》《中华人民共和国渔业法》《中华人民共和国水土保持法》《中华人民共和国行政许可法》《中华人民共和国行政处罚法》《中华人民共和国行政复议法》《中华人民共和国野生动物保护法》《中华人民共和国土地管理法》《中华人民共和国森林法》《中华人民共和国环境影响评价法》《中华人民共和国航道管理条例》《湖北省环境保护条例》《湖北省水污染防治条例》《湖北省湖泊保护条例》《湖北省河道管理实施办法》《湖北省水库管理办法》等。根据《中华人民共和国立法法》第七十三条规定的"制定地方性法规，对上位法已经明确规定的内容，一般不作重复性规定"，本条例在本条文设计的过程中坚持下列原则：对上位法有明确规定的事项在本条例中不做重复规定；对上位立法规定不详细的，在本条例中进行详细规定；对上位法没有规定且对府澴河流域保护工作有重要意义的在法律允许的范围内做出创新性规定。总之，面对如此多的上位法，本条例始终坚持与上位法保持一致的基本原则，严格与上位法保持一致，避免两者之间的冲突。

（三）孝感市立法机关高度重视府澴河流域保护立法

当前，对府澴河流域保护进行专门立法的条件已经成熟。首先，孝感市对府澴河流域保护立法早有筹划和准备。立法机关高度重视，孝感市人民代表大会常务委员会已经将府澴河流域保护立法列入立法计划，孝感市委市政府高度重视，早在2019年初对相关议题作出了计划安排。作为健全地方法律法规，落实国家三大攻坚战任务、实施高质量发展和生态文明建设决策部署的重要抓手。其次，湖北省在流域地方立法方面的经验可以为孝感市府澴河流域立法提供技术指导。湖北省水事立法一直走在全国前列，立法机关在水事立法方面经验丰富，可以为立法提供技术指导。21世纪以来，湖北省相继制定了《湖北省汉江流域水污染防治条例》（2000年）、《湖北省实施〈中华人民共和国水法〉办法》（2006年）、《湖北省湖泊保护条例》（2012年）、《湖北省水污染防治条例》（2014

年）、《湖北省实施〈中华人民共和国水土保持法〉办法》（2015 年）等，立法机关在进行这些立法中积累的立法知识经验，包括立法语言的规范化、立法逻辑的严密性、立法理念与立法制度内容的合理性，都可以很好地为府澴河流域保护立法提供借鉴。最后，孝感市各级政府及部门在府澴河流域保护与管理中具有丰富的经验，对于水污染防治、水资源开发利用、水生态保护与修复、河湖长制等各项涉水工作中面临的问题都有深刻的认识，对于制定一部什么样的法律是符合府澴河流域保护需要的精准把握，进一步夯实了立法的可行性。

（四）其他地方流域立法经验可为孝感市流域立法工作提供重要参考

"一个流域一部法律"是世界各国流域保护形成的基本共识。流域是一个以水为纽带，集社会、经济与生态环境为一体的复合系统，每一个流域都有自己独有的特征，但同时，流域又都有共性，如地理单元的完整性、空间的统一性、生态环境的系统性等，因此其他地方流域立法经验是可供本次立法借鉴的。

我国有关流域专门立法的实践起步较早，1995 年国务院制定的《淮河流域水污染防治暂行条例》，开创了我国关于大江大河流域管理立法的先例。2011 年国务院颁布《太湖流域管理条例》，在我国流域管理体制机制和涉水管理上有较大突破，在流域与行政区域管理的体制框架内明晰了不同行业、区域的事权，强化了对水域、水资源的流域整体性管理、调度和保护，实现了水质、水量的统一管理，取得了一定的流域综合管理整体成效。近年来，多个地方进行了流域立法，包括《宜昌市黄柏河流域保护条例》《青海湖流域生态环境保护条例》《绍兴市水资源保护条例》《遵义市湘江保护条例》《广州市流溪河流域保护条例》，这些地方立法的成功经验都可以为本条例立法借鉴。

四、制定法规的主要思路及制度内容

（一）优化孝感市府澴河流域管理体制机制

第一，明确政府职责。规定府澴河流域保护实行政府行政首长负责制、目标责任制和考核评价制度。孝感市人民政府负责组织编制孝感市府澴河流域综合规划，并根据规划对经济社会发展需要和水资源开发利用现状编制开发、利用、节约、保护水资源和防治水害的实施方案。

第二，明确部门职责。规定县级以上水行政主管部门负责府澴河流域规划、河道岸线的规划与利用、水资源的配置与调度等工作的统一管理和监督。生态环境主管部门对府澴河流域水污染防治和水生态保护实施统一监督管理。县级以上发展和改革、经济和信息、自然资源和规划、生态环境、农业农村、住房和城乡建设、应急管理、文化和旅游、城市管理执法等其他主管部门根据各自职责对府澴河流域保护实施监督管理。

第三，规定孝感市人民政府建立健全联席会议制度。府澴河流域县级以上人民政府应当建立府澴河流域保护的部门协调机制，实行由政府负责人召集、水行政主管部门承担日常工作、有关部门参加的联席会议制度，研究解决府澴河流域保护工作中的重大问题。

第四，规定联动协调机制。府澴河干支流、上下游、左右岸相邻各级人民政府的水行政、生态环境、应急管理等相关主管部门之间应当实行信息共享，依法开展府澴河流域生态环境监测、执法、应急等工作合作，共同保护、应对和处理跨界突发生态环境事件。

第五，强化河湖长制建设。规定孝感市实行市、县（区）、乡（镇）、村四级河湖长制，各级河湖长组织领导相应河湖的水资源保护、水环境治理、水域岸线管理和水污染防治等工作，协调、督促相关部门履行法定职责。鼓励企业、社会组织、公民志愿担任民间河湖长，参与府澴河流域的保护、管理和监督工作。

第六，规定宣传教育制度。要求各级人民政府及有关部门、企业事业单位和社会团体应当加强府澴河流域保护的宣传教育，增强公众生态环境保护意识，拓展公众参与府澴河流域保护途径，引导公众参与府澴河流域保护工作。广播、电视、报刊、互联网等新闻媒体应当加强对流域保护情况的舆论监督和宣传报道，配合有关行政主管部门及时向社会公布流域保护的信息。县级以上人民政府及其有关部门对在府澴河流域保护工作中表现突出、成绩显著的单位和个人给予表彰和奖励。

通过上述一系列的法律规定，在不突破现有管理体制的前提下，优化孝感市府澴河流域管理体制机制，为解决长期困扰孝感市府澴河流域管理中的"九龙治水"格局问题提供一种较为有效的方法。

（二）明确府澴河流域保护中的资金来源

第一，探索建立健全横向生态补偿机制。规定孝感市人民政府建立健全府澴河流域横向生态补偿机制就有关事项制定具体生态补偿办法。

第二，明确财政投入和经费保障。规定府澴河流域内各级人民政府应当将流域保护工作纳入国民经济和社会发展规划，将流域保护工作经费列入同级财政预算，鼓励、引导社会资金参与府澴河流域保护与治理。

通过上述一系列的法律规定，明确了孝感市府澴河流域保护中的资金来源，是解决府澴河流域治理问题的必要条件。

（三）规定河道与岸线保护管理的重要制度

第一，规定岸线划界、利用与规划保护的管理制度。规定市级水行政主管部门应会同发展和改革、生态环境、住房和城乡建设、自然资源和规划、交通运输等部门编制府澴河流域河道岸线利用管理规划，划定岸线控制线。府澴河流域内有堤防河道的，河道管理范围为两岸堤防之间的水域、沙洲、滩地（包括可耕地），以及堤身、禁脚地、工程留用地和安全保护区；无堤防河道，其管理范围根据历史最高洪水位或者设计洪水位确定。具体适用办法参照《湖北省河道管理办法》的规定。同时规定岸线控制线内，除建设防汛、环境卫生、公园、绿化、取水口、码头等公益性设施外，未经批准不得开发利用，已建成的各类非公益性设施，应当由县级人民政府责令逐步拆除或者搬迁，并依法给予补偿。再次规定府澴河流域河道岸线利用管理规划不得擅自修改，明确了必须改和重新报批的情形与程序。

第二，规定河道整治、防洪管理制度。规定各级人民政府应当坚持安全第一原则，综合考虑水生态安全、水环境保护，按照防洪标准进行河道堤岸整治，保持河流自然流向和河道自然形态。也规定防洪主管部门应当在公共绿道、湿地公园等工程建设所在地设置安全防护设施和警示标志，对影响府澴河干支流河道行洪安全的废弃设施、临时设施及其他妨碍物，根据"谁设障、谁清除"的原则限期拆除、清理。此外还明确河道禁止行为。

（四）规定水资源配置与节约用水方面的重要制度

第一，规定总量强度双控、水量分配与调度。对各级人民政府管辖行政区域内的年度用水实行总量控制，并对用水总量超标的、新增取水项目的许可审批、水量分配与调度、水量应急调度预案等进行规定。

第二，规定节约用水、节水设施建设等内容。规定各级人民政府应当在府澴河流域内厉行节约用水，建设节水型社会，坚持"以水定产、以水定业"的发展原则，组织制定农业、工业、服务业节水方案。各级水行政主管部门对纳入取水许可管理的单位和用水大户实行计划用水管理。规定府澴河流域内新建、改建、扩建项目需要取用水的，应当配套建设节水设施，并与主体工程同时设计、同时施工、同时投入使用，节水设施未建成或者未达到国家规定要求的，建设项目不得投入使用。

（五）规定解决水污染防治中突出问题的制度

第一，建立产业准入负面清单制度。规定府澴河干支流河道岸线和岸线两侧一定范围内禁止新建、扩建设施、项目。

第二，规定工业污染防治、工业聚集区污染排放管理制度。对孝感市府澴河流域未入园工业项目，新建、改建、扩建重化工产业项目，必须进入工业集聚区，提升工业集聚区污水处理标准与工艺，规定工业园区污水集中处理排放标准。

第三，明确农业面源污染防治、畜禽养殖污染防治及农村环境整治规定。禁止在府澴河干支流沿岸使用剧毒、高毒农药，严禁在河道内喷洒农药、投放农药包装物或清洗施药器械。禁止在禁养区新建、改建、扩建畜禽养殖场和养殖小区。要求在府澴河流域干支流沿岸从事经营性畜禽养殖的应当配套建设畜禽粪污资源化利用、综合利用或者无害化处理等污染防治设施，并满足环境承载能力的要求。

第四，规定城镇生活污染防治与污水管网建设内容。要求县级人民政府应当建设、改造城镇污水集中处理设施及配套管网，确保生活污水集中收集处理，排放应达到一级A标准。污水集中处理设施的运营单位对污水集中处理设施的出水水质负责。

第五，对排污总量控制与排污口管理进行专项规定。要求建立府澴河干支流入河排污口名录，对排污口及相应排污单位，排放污染物的种类、数量等情况进行登记建档，并向社会公布，对登记的入河排污口采取保留、封堵、整改等分类处置措施。

第六，规定土壤污染防治制度，与《中华人民共和国土壤污染防治法》进行对接。

（六）建立水生态保护与修复制度

第一，明确流域生态环境综合治理和生态环境建设任务。要求各级人民政府对本辖区府澴河流域生态环境统筹规划、综合治理，根据控源截污、水陆共治原则，采取清淤疏浚、河湖连通、河道整治等措施，积极开展污染防治、环境保护和生态修复等工作。

第二，规定生态流量保证制度。要求县级水行政主管部门在保证防汛、抗旱需要的前提下，合理安排水库、闸坝的下泄水量和泄流时段，保障河流基本生态用水流量，维护水体自然净化能力。

第三，规定湿地管理制度。明确县级以上人民政府应当加强对本行政区域内府澴河流域水源涵养林的建设与保护，编制湿地保护规划，建立湿地名录与档案，组织林业主管部门及其他有关部门创建湿地公园、自然保护区等，开展湿地保护和修复。

第四，规定水生生物资源保护。明确县级以上人民政府应当加强河流生态系统修复，加强水产种质资源保护区建设与管理，适时组织符合生态要求的水生生物增殖放流，维护水生生物多样性，同时规定禁止有害水生生物的行为。

（七）明确法律责任

条例在法律责任的设计上，坚持义务与责任一致原则，对应条文相应的职责义务，规定一般法律责任、行政主体的法律责任、河道岸线管理法律责任、水工程管理法律责任、重点排污单位法律责任、违法使用农药化肥法律责任、生活污水排放超标法律责任、水生生物资源保护法律责任共计八个责任条款，分别规定行政、刑事、民事法律责任的适用情形。

参 考 文 献

[1] 张震. 中国宪法的环境观及其规范表达[J]. 中国法学, 2018(4): 6-23.

《湖北省汉江流域水污染防治条例》修订的
重点问题与对策分析[*]

宋　蕾

汉江全长 1577 km，为长江第一大支流。汉江在湖北省境内长 925 km，流域面积占全省土地面积的 33.89%。汉江上游是南水北调中线工程的水源，在区域发展总体格局中具有重要地位。南水北调中线工程实施后，丹江口库区及汉江流域水污染防治和生态建设任务更加迫切。

一、《湖北省汉江流域水污染防治条例》修订背景及过程

现行《湖北省汉江流域水污染防治条例》于 1999 年制定。条例实施以来，湖北省汉江流域水污染防治工作取得了明显成效。但随着经济社会的快速发展，现行法已不能适应新形势的需要：一是党的十九大报告明确提出"加快水污染防治，实施流域环境综合治理"。2018 年 4 月，习近平总书记视察湖北，考察长江经济带发展期间对水污染防治作了指示，要求坚持生态优先、绿色发展，共抓大保护、不搞大开发，加强长江经济带生态环境保护与治理。2018 年 5 月，在全国生态环境保护大会上，习近平总书记再次强调"要认真实施水污染防治行动计划，坚持流域上下联动治理，加强污水处理和基础设施建设，加大工业污水排放监管力度……切实改善提升水环境质量。"2018 年 7 月，湖北省生态环境保护大会提出，湖北省要"实施水环境、水资源、水生态'三水'协同共治，着力打好碧水保卫战。"因此，迫切需要对现行条例进行修订，将中央和省关于水污染防治的新精神和要求体现在条例之中。二是上位法已作了全面修订。《中华人民共和国水污染防治法》（以下简称《水污染防治法》）于 2017 年 6 月经第十二届全国人民代表大会常务委员会第二十八次会议修正，自 2018 年 1 月 1 日起施行。湖北省现行汉江条例的谋篇布局、主要内容、重点任务等已与《水污染防治法》不相适应。三是现行汉江条例在实施过程中存在诸多问题与不足。现行汉江条例实施以来，为防治汉江水污染，保护和改善汉江生态环境，促进经济社会可持续发展提供了法制保障。但是实施过程中，也存在管理机制不顺，缺乏统一规划约束，流域部分支流污染严重，生态水量不足，水

---

*作者简介：宋蕾，法学博士，湖北省环境科学研究院环境政策研究中心主任，湖北水事研究中心研究员。

华现象严重，城乡环保设施严重滞后等问题，亟须修订。

根据 2019 年湖北省人大立法工作计划，湖北省生态环境厅组织湖北省环境科学研究院起草《湖北省汉江流域水污染防治条例（修订草案）》（以下简称《汉江条例（草案）》），2019 年 5 月，湖北省环境科学研究院起草团队前往十堰、襄阳、荆门、孝感、仙桃、潜江、天门、武汉等地进行实地调研，并参考、借鉴了部分省市水污染防治立法经验，形成草案初稿。2019 年 7~8 月，征求了湖北省直有关部门、汉江流域各市（州）人民政府及湖北省生态环境厅各处室意见，并邀请专家进行了论证，对草案初稿进行了修改。2019 年 9 月，联合湖北省司法厅立法二处赴十堰、仙桃等地调研，并进行了集中审修，形成了《汉江条例（草案）（送审稿）》。

二、法规制定过程关注的主要问题及对策分析

《汉江条例（草案）》是对 1999 年《湖北省汉江流域水污染防治条例》的修订，因此，既要全面落实《水污染防治行动计划》的工作要求，也要与新修订的《水污染防治法》《湖北省水污染防治条例》相衔接，更要围绕汉江水污染防治的重点和突出问题进行修订。法规制定过程重点关注以下方面。

（一）关于汉江流域生态基流不足的问题

1. 现存问题

"十二五"末南水北调中线工程丹江口水库已经开始向北方送水，导致汉江流域普遍存在径流量减少、流速减小、水体自净能力下降、纳污能力降低的问题，部分地区甚至出现水华现象。

2. 对策分析

水生态环境保护在汉江生态环境保护中占有重要基础性作用。《中华人民共和国水法》第四条规定，"开发、利用、节约、保护水资源和防治水害，应当全面规划、统筹兼顾、标本兼治、综合利用、讲求效益，发挥水资源的多种功能，协调好生活、生产经营和生态环境用水"。《长江经济带生态环境保护规划》在"加大河湖、湿地生态保护与修复"部分中提出，采取水量调度、湖滨带生态修复、生态补水、河湖水系连通、重要生境修复等措施，修复湖泊、湿地生态系统。

为了确保最低生态流量下泄，保障生态用水，2006 年，国家环境保护总局颁布了《水电水利建设项目河道生态用水、低温水和过鱼设施环境影响评价技术指南（试行）》（以下简称《指南》），明确了对于会造成下游河道减脱水的水利水电工程，必须下泄一定的生态流量及采取相应的生态流量泄放保障措施。之后，水利水电工程初期蓄水和运行期下泄生态流量量值确定和泄放措施保障等成为环评阶段重点论证内容。2014 年，环境保护部、国家能源局联合印发《关于深化落实水电开发生态环境保护措施的通知》，要求合理确定生态流量，认真落实生态流量泄放措施。《长江经济带生态环境保护规划》

在"科学调度长江上游梯级水库"中提出，对已建水库，在保障防洪安全和供水安全的前提下尽量发挥水库的生态效益。

另外，国务院印发的《"十三五"生态环境保护规划》（国发〔2016〕65号）、《水污染防治行动计划》（国发〔2015〕17号），生态环境部、国家发展和改革委员会印发的《长江保护修复攻坚战行动计划》（环水体〔2018〕181号），国家发展和改革委员会、环境保护部印发的《关于加强长江黄金水道环境污染防控治理的指导意见的通知》（发改环资〔2016〕370号）等均要求确保生态基流，加强流域水量统一调度，切实保障长江干流、主要支流和重点湖库基本生态用水需求，深化河湖水系连通运行管理，实施长江上中游水库群联合调度，增加枯水期下泄流量，确保生态用水比例只增不减。2020年底前，长江干流及主要支流主要控制节点生态基流占多年平均流量的比例在15%左右。《汉江条例（草案）》根据国家部委以上文件新增有关生态流量用水与生态补水的规定。

（二）关于汉江流域生态补偿机制问题

1. 现存问题

汉江流域生态补偿方面现存的主要问题集中在生态补偿机制法律法规规定缺失，措施执行不到位，上下游跨界地区生态补偿标准不明确等。

2. 对策分析

为全面贯彻落实党的十九大精神，积极发挥财政在国家治理中的基础和重要支柱作用，按照党中央、国务院关于长江经济带生态环境保护的决策部署，推动长江流域生态保护和治理，建立健全长江经济带生态补偿与保护长效机制，财政部制定了《关于建立健全长江经济带生态补偿与保护长效机制的指导意见》（财预〔2018〕19号）。意见明确规定了生态优先，绿色发展。把长江经济带生态补偿与保护摆在优先位置，强化宏观与系统的保护，加快环境污染治理，加快改善环境质量，推动长江经济带高质量发展，以绿色发展实现人民对美好生活的向往。统筹兼顾，有序推进。以建立完善全流域、多方位的生态补偿和保护长效体系为目标，优先支持解决严重污染水体、重要水域、重点城镇生态治理等迫切问题，着力提升生态修复能力，逐步发挥山水林田湖草的综合生态效益，构建生态补偿、生态保护和可持续发展之间的良性互动关系。

《汉江条例（草案）》根据《水污染防治行动计划》《关于坚决遏制固体废物非法转移和倾倒 进一步加强危险废物全过程监管的通知》，并参考了其他省市的相关规定，新增了生态补偿机制条款。

（三）关于农业畜禽养殖和水产养殖问题

1. 现存问题

汉江流域畜禽养殖的问题主要是规模化以下畜禽养殖污染问题较为突出，污染源头防控不力，污染防治立法缺位。

1）规模化以下畜禽养殖污染问题突出

规模化以下养殖户粪污处理能力不足，在缺少法律规范的情况下，往往随意堆放或直接排入水体。

虽然禁养区内养殖已被禁止，但限养区与适养区的环境容量压力仍然较大。应合理规划、划分养殖区域和规模，区分规模化养殖项目、规模化以下经营性养殖、家庭自用性散养三种类型畜禽养殖，实现常态化监管。

2）畜禽养殖污染源头防控不力

单纯依赖事后的处罚并不能实现整个流域内畜禽养殖污染的长效控制。在监管执法能力较为欠缺、资金投入有限的情况下，源头防控措施则体现了事前预防为主，减少后期监管压力的策略考虑。

实践中，汉江流域地方政府实施"污染分区控制"策略，要求畜禽规模化养殖项目与规模化以下经营性养殖项目选址应当有利于防止污染，综合利用"种养结合、以地定畜"、畜禽发展规划与建设项目环评等措施。然而，这些措施尚未完全涵盖规模化以下养殖，导致对规模化以下养殖行为的规制处于空白中，导致大量的规模化以下畜禽养殖项目的选址和建设并不符合区域环境功能定位与环境保护要求。部分规模化以下养殖项目，给各区域汉江河段的水环境保护带来了巨大的压力。

3）汉江流域畜禽养殖污染防治立法缺位

《畜禽规模养殖污染防治条例》主要规范规模化畜禽养殖项目。对规模化以下畜禽与家庭自用散养的养殖户权利义务、行政执法法律法规依据不足，政策（包括资金投入等）支持不足。

第一，可能导致规制过度。例如，在养殖专业户及散养密集区疏于对畜禽养殖废弃物、禽畜尸体采取污染防治措施而直接排入水体造成污染的情形下，缺乏针对畜禽养殖处罚的立法，而依据《水污染防治法》的超标排污规定，处罚过重，不利于地区畜禽养殖业的可持续发展。《汉江条例（草案）》中处罚措施应立足于当地实际，并予以特别的明确。更重要的是，相关污染防治机制应凸显源头治理、预防为主的功能，同时配之相应的教育、引导、激励措施，以达到以较小的社会成本实现规模化以下畜禽养殖污染得到防治的效益，而非仅仅是现在束手无策，在事后予以重罚的畜禽污染防治行动。

第二，规制不足。由于没有可以遵循的相关立法，养殖专业户、家庭自用散养户的污染防治义务无法得到明确，行政主管部门无法通过将规模化以下的养殖项目纳入区域畜禽发展与治污规划，以及日常管理与处罚，极易造成监管的漏洞。没有相关立法对于监管的授权，策略、方法、资金投入与能力建设都严重不足，实践中大量存在的规模化以下畜禽养殖污染监管不力的困局较难避免。

第三，分工不明。畜牧行政主管部门与自然环境主管部门在养殖区域划分、布局、污染防控上的分工不明的问题，影响源头防控与处罚措施的施行。这些都形成了实践中对规模化以下畜禽养殖项目污染防治有效推进的阻滞。

孝感、汉川地区普遍反映规模化以下的养殖户的处理难；禁养范围是 200 m 以内，限养范围是 200～1 200 m，但实际中 1 200 m 以内的居户已经非常多了，有些涉及搬迁或者关闭的，没有法规条例去约束他们。同时，畜禽养殖业粗放发展，给水环境安全带来较大压力。部分养殖户环保意识淡薄，畜禽养殖废物不经处理直接排放，加剧了河渠、湖泊的富营养化，威胁地表水和地下水的安全。

2. 对策分析

2013年，国务院已经出台《畜禽规模养殖污染防治条例》。随后，有关部门陆续制定发布了《畜禽养殖业污染防治技术规范》《畜禽养殖业污染物排放标准》《畜禽场环境质量评价准则》《畜禽粪便无害化处理技术规范》《畜禽场环境污染控制技术规范》《畜禽养殖业污染治理工程技术规范》《农业固体废物污染控制技术导则》《畜禽养殖业污染防治技术政策》《畜禽养殖产地环境评价规范》《畜禽养殖禁养区划定技术指南》等。湖北省出台了《湖北省畜禽养殖区域划分技术规范（试行）》（2016年）。畜禽养殖业污染减排工作曾被纳入国家"十二五"节能减排工作体系，环境保护部也将农业污染纳入"十二五"环境统计范围。但是上述规范都尚未建立起切实可行的针对规模化以下经营性养殖与散养的污染防治相关机制。

《水污染防治行动计划》中将控制畜禽污染作为推进农业农村污染防治的重点。其中已经明确"科学划定畜禽养殖禁养区，2017年底前，依法关闭或搬迁禁养区内的畜禽养殖场（小区）和养殖专业户"，"现有规模化畜禽养殖场（小区）要根据污染防治需要，配套建设粪便污水贮存、处理、利用设施。散养密集区要实行畜禽粪便污水分户收集、集中处理利用"。鉴于此，对于养殖专业户和散养都需要相关立法规定以落实对这些规模化以下畜禽养殖活动的合理规范。

总的来说，在缺少针对规模化以下畜禽养殖项目立法规定的情况下，对规模化以下畜禽养殖项目监管的问题主要有：①源头防控措施薄弱；②规模化以下养殖项目的污染防治义务不明，未体现与规模化项目管理上的差异性而设置相关污染防治要求；③处罚标准不一，尚未区分经营性项目与家庭自用性养殖项目设置相应法律责任。

因此，《汉江条例（草案）》在上位法要求分区进行畜禽养殖污染防治的前提下，继续对相关的立法空白进行填补，在污染防治措施与法律责任规定中，都区分规模化畜禽养殖项目与规模化以下项目（包括养殖专业户与家庭自用散养户）。同时，进一步落实《水污染防治计划》对于不同规模项目的差别化污染防治要求。体现在：根据规模化以下养殖区别于规模化养殖的特征，特别明确相关经营性养殖户与家庭自用性散养户的法律义务，以及对应地设立法律责任，参照规模化畜禽养殖处罚，逐级降低对规模化以下经营性养殖项目（专业养殖户）和家庭自用性散养项目的处罚，解决以往义务和处罚畸重或畸轻的问题。

3. 水产养殖问题

水产养殖是汉江的重要农业产业，但是水产养殖尾水是造成汉江水污染的一个重要原因。目前，污染源头防控不力，污染防治立法缺位，水产养殖尾水排放标准不能满足现实汉江水环境质量要求。

（四）关于农村面源污染问题

1. 现存问题

汉江流域农村面源污染呈现点多、面广、分散、处理难的特点。

1）农业面源污染未得到有效遏制

调研中各地普遍反映畜禽养殖规划不到位、准入门槛太低，存在乱批乱建、遍地开花、污染防治设施建设不规范等问题，规模以下畜禽养殖监管松散，造成面源污染未彻底根治。农村农药、肥料、农村生活污水未得到有效管控。

同时，农业投入品监管较难，使用违禁高毒、高残留农药现象屡禁不止，滥施化肥现象普遍存在，都对水体造成较严重污染。畜禽生产总体上还处于粗放的状态，养殖场排泄物无害化治理率不高，效果不够理想。分散养殖场点多面广，监管困难。农村居住分散，生活污水收集较难，生活垃圾收集后难以处置。

2）现行水污染防治体系在农村遭遇"水土不服"

我国已经颁布了《中华人民共和国水法》《中华人民共和国水污染防治法》《中华人民共和国水土保持法》等有关法律法规，初步建立了流域管理与区域管理并重的水资源保护体制。但现行规范的防治重点是城市、工业点源污染，调整对象以单位、集体行为为主，对于以分散、个体行为为主的农业面源污染，其规范的针对性不足。

尽管湖北省颁布了《湖北省农业生态环境保护条例》（2006 年）、《湖北省实施〈中华人民共和国渔业法〉办法》（2002 年）、《湖北省实施〈中华人民共和国水法〉办法》（2006 年）、《湖北省实施〈中华人民共和国农产品质量安全法〉办法》（2008 年）、《湖北省农村可再生能源条例》（2010 年）、《湖北省农村扶贫条例》（1996 年）、《湖北省植物保护条例》（2009 年）、《湖北省水产苗种管理办法》（2008 年）等农村面源污染防治的地方立法，但由于农村面源污染防治过于复杂，国家相关立法研究又过于薄弱，适合农村的水资源保护管理体制还远未形成。农村面源分散化的管理对象及薄弱的农村环境管理力量，导致适用于城市的现行水保护管理体制在农村遭遇了严重的"水土不服"。

2. 对策分析

1）"化学农业"向"绿色农业"转型

党的十八大将生态文明纳入"五位一体"的总体布局，推进农村生态环境建设是其重要内容，而农业生产方式也需要从"化学农业"向"绿色农业"转型，回归传统环境友好型的农耕方式。农业面源污染的产生不仅包括经济因素，还包括文化观念转变、政策措施等非市场因素，立法作为国家通过强制手段实现社会管理的方式，对引导农业转型、转变农民观念、改善农村环境，具有直接的作用。

2）加强政府引导

《农药管理条例》（2017 年修订）明确要求各级农业部门加强农药使用指导、服务工作，组织推广农药科学使用技术，提供免费技术培训，提高农药安全、合理使用水平。

3）加大资金投入

农村环保工作长期被边缘化，在降低农业面源污染的源头控制上投入不足，需要政府加大污染治理和环境管理能力建设的财政资金投入。

（五）关于岸线管理问题

1. 现存问题

一是可利用的岸线资源紧张，岸线上存在河滩种植，甚至划定基本农田的情况，且缺乏相关禁止性规定，导致农业面源污染物直接排放。二是部分岸线码头与水源地保护冲突，可能需要迁址。三是国家和地方对岸线的划定存在按照距离一刀切或相互矛盾的情况，未能充分考虑当地实际。

2. 对策分析

《水污染防治行动计划》中规定积极保护生态空间。严格城市规划蓝线管理，城市规划区范围内应保留一定比例的水域面积。新建项目一律不得违规占用水域。严格水域岸线用途管制，土地开发利用应按照有关法律法规和技术标准要求，留足河道、湖泊和滨海地带的管理和保护范围，非法挤占的应限期退出。

《关于加快推进长江两岸造林绿化的指导意见》中也规定了加快长江两岸护堤护岸林建设。以人工造林为主，多树种配置，增加森林覆盖，扩大生态容量，构筑护堤护岸屏障，健全长江两岸生态防护体系，改善岸线生态景观。有堤防地段，长江干堤临水侧造林限于临水侧护堤地范围内，以发挥防浪护岸功能为主，营造防浪林带，稳固防洪堤坝。

（六）关于汉江中下游水华问题

1. 现存问题

近年来，汉江中下游水体富营养化加剧，水华现象频发且规模呈逐步扩大趋势，严重威胁了区域生态安全，给汉江水污染防治工作带来了新的挑战。

2018年2月8日，汉江中下游暴发历时30余天的水华是有资料记载以来最长的一次。水利部长江水利委员会启动应急预案，利用汉江中下游梯级水库群进行了水量调度，在汉江中下游河段设置了6个监测断面进行逐日监测。此次水华影响范围从原先的武汉至仙桃段延伸至了兴隆库区。

2. 对策分析

汉江水华为硅藻水华，多发生在特定季节（春季）特定水文条件（枯水期）下中下游严重富营养化的水体中。

根据最新研究，河流的水文状况、降水、温度等物理因素往往比水体营养盐水平等更为重要。相应地，作为流域管理机构的水利部长江水利委员会通过汉江中下游梯级水库联合调度的方法治理汉江水华，取得较好的效果。

在应急防治方面，通过水库群联合调度，尽量消除水华形成的水文条件。在长期防治方面，完善相关管理机制，加强汉江流域水量水质统一管理，强化流域机构协调、指导、监督、监测作用，研究完善的应用管理机制，保证河湖长制长效运行，为建设生态优美的流域环境提供保障。

三、汉江立法的主要修订内容

（一）进一步强化政府责任

流域性水污染防治，综合性较强，《汉江条例（草案）》根据水污染防治工作的新要求、新特点，继续深化政府对汉江水环境质量负责的指导思想，规定各级人民政府应当建立健全流域水污染防治工作机制，鼓励科学研究和推广适用技术；进一步明确考核目标内容，规定河（湖）长制。

（二）加强流域水污染防治

由于流域具有地理关联性、利用多样性和主体多元性的特点，《汉江条例（草案）》规定，省级人民政府建立汉江流域水污染防治的联席会议制度，加强水污染联合防治；增加"标准与规划"，规定汉江干流和支流执行省人民政府划定的水功能类别和相应的水环境质量标准；规定汉江流域执行本省汉江流域水污染物排放标准；为了保护汉江流域水资源，提高水资源利用率，规定加强水资源的统一调度，科学确定各河道的生态流量，保证生态用水需求。

（三）完善水污染防治监督管理和保障制度

在监督管理方面，新增流域岸线管理、排污口管理、水环境信息通报、信息公开和公众参与机制等规定。在保障制度方面，根据财政部关于长江经济带生态补偿机制建设的指导性文件，规定省人民政府应当建立健全汉江流域生态补偿机制，对重点生态功能区、农产品主产区、困难地区和生态移民、农业清洁生产、清洁能源生产项目等事项进行转移支付。

（四）强化重点领域水污染防治措施

在工业废水管理方面，细化水污染物总量控制制度；规定产业准入负面清单制度，明确负面清单包含的内容；工业集聚区实行废水集中处理，安装监测设备并与生态环境主管部门信息平台联网，保证监测结果真实、准确。

在城镇污水管理方面，规定各级人民政府建设污水集中处理设施，实行雨污分流，要求城镇污水集中处理，处置主体规范管理污泥，建立台账。

在农业农村水污染防治方面，规定汉江流域内各级人民政府加强对农药、化肥使用和销售的管理，制定禁止使用的农药目录，科学划定水产养殖和畜禽养殖区域并进行规范管理，建设农村污水、垃圾处理设施，禁止在汉江流域内沿河江滩进行农业种植。

在船舶污染防治方面，要求各类作业船舶应配备污水、垃圾处理和收集设施，港口、码头、装卸站、船舶修造厂配备船舶污染物、废弃物的接收转运设施、设备和器材，并进行无害化处理。

（五）加强风险管控和水生态保护

调研中发现，南水北调导致汉江流域存在径流量减少、流速减小、水体自净能力下降、纳污能力降低、水华经常发生的问题。为提高汉江流域环境承载能力，规定应加强流域水体藻类的监测、预警和预报。汉江流域发展旅游业应当以生态环境承载力为前提，涉及地下水污染风险的，应当建设地下水水质监测井。根据汉江水资源承载能力、防洪抗旱、应急等需求制定生态环境水量分配和生态补水调度方案。控制水电工程生态流量；加强汛期环境安全监督检查；禁止任何单位和个人在汉江水域利用船舶或浮动设施提供非成品餐饮服务。

（六）强化饮用水安全保障措施

汉江流域的沿江城市均以汉江的干流或支流作为主要饮用水水源地，《汉江条例（草案）》将"保障饮用水安全和公众安全"作为立法目的之一，进一步强化了饮用水安全保障措施，不仅规定了饮用水水源保护区风险防范制度，而且管控措施更加严格，如汉江流域的负面清单制度、农业农村水污染管理制度、船舶水污染防治、城乡污水和垃圾防治、汉江发生水华等事件而影响供水安全时的应急制度等。

（七）严格法律责任

针对汉江流域水污染特点和防治重点，对下列行为规定了严格的法律责任：污泥排入水体；在沿江河滩内进行农业种植；禁养区从事畜禽养殖或水产养殖，限养区超标排放的；利用船舶或移动设备提供非成品餐饮服务的；生产、销售和使用含磷洗涤用品的；未按规定保证下泄生态流量的。同时，根据地方实际，规定了按日连续处罚制度，对于未按规定保证下泄流量并拒不改正的，可以自责令改正之日的次日起，按照原处罚数额按日连续处罚。

立法评估

　　湖北拥有全国最多的湖泊,素有"千湖之省"的美誉,湖泊是湖北优势突出的重要战略资源。湖北的湖泊流域人口稠密、经济发达,资源和环境压力巨大。近几十年来,随着人口增长和经济社会发展的加快,湖北湖泊面临着数量锐减、面积缩小,主要湖泊流域水体污染与功能退化并存,河湖阻隔、生态系统破坏,环境问题和经济问题叠加等突出问题,难以支撑湖北经济社会可持续发展的迫切需要。湖泊保护已迫在眉睫、刻不容缓。2012 年 5 月 30 日,湖北省第十一届人民代表大会常务委员会第三十次会议通过了《湖北省湖泊保护条例》,对促进湖北的湖泊保护发挥了积极的作用。作为全国第一部省级湖泊立法,对其他省市地方立法也提供了经验借鉴。该条例自 2012 年 10 月 1 日生效以来,实施过程中,条例各项制度和措施是否具有合理性,社会各界十分关注。湖北水事研究中心作为第三方机构,对《湖北省湖泊保护条例》实施五周年的立法文本质量进行了客观地分析和评估。

《湖北省湖泊保护条例》实施五周年

立法文本质量后评估*

邱　秋　罗文君　郭砚君　王　腾　张宏志

（湖北水事研究中心）

本文以《湖北省湖泊保护条例》（以下简称《条例》）确定的湖泊保护"五保"目标，即"保面（容）积、保水质、保功能、保生态、保可持续利用"为核心，面向社会公众、企业和政府部门三个群体，对《条例》立法文本的质量进行了分析和评估，从立法的必要性、可行性等方面回应社会对《条例》实施情况的关注和关切，并从《条例》的合理性方面，为修订提升《条例》的文本质量提出了意见与建议。

一、《条例》制定的必要性

《条例》是湖北省专门针对湖泊流域保护制定的综合性地方法规，对全省湖泊保护、利用和管理中的政府职责、保护规划与保护范围、水资源保护、水污染防治、生态保护和修复、保护监督和公众参与、法律责任等方面作出了明确规定，为湖北省全面开展湖泊保护、利用与管理提供了法制保障。《条例》制定是现实的需要：长期以来，由于阻断江湖、围垦造田、拦湖筑汊、管理无序、开发过度、保护不力等因素叠加，导致湖泊数量锐减、面积缩小、水体污染、环境恶化、生态脆弱、功能退化等。湖泊治理依据的原有法律法规的相对滞后，需要整合与完善。

《条例》颁布之前，湖泊治理主要依托的法律法规是《中华人民共和国水法》《中华人民共和国水污染防治法》《湖北省水环境功能区划》等。这些法律法规在很长一段时期内为湖泊保护、利用与管理保驾护航。但是，随着经济社会的发展，仅仅依靠原有的这些法律法规已经无法满足湖泊治理的需要，以水资源管理为例，根据《中华人民共和国水法》，我国的水资源管理体制是流域管理与行政区域管理相结合的一种管理体制，这种体制实施的结果是行政管理凌驾于水资源流域管理之上，其结果是水体在地理上被切割成段，水管理机构受行政权控制而为地方服务，并且出现各部门的权力交叉、职责相互

---

① 本文为国家社会科学基金项目"环境立法前评估研究"（16BFX099）的阶段性成果。

纠缠。此外，针对湖泊这类特殊水体的保护在水资源保护的一般性法律法规中难以作特殊规定，需要根据湖泊所在地方的实际情况进行专门的地方性立法。

二、《条例》的合法性

社会主义法治要求，法律体系内部和谐一致，不存在矛盾和冲突。然而，由于法律体系的动态变化，体系内部的不一致或抵触往往无法避免。作为地方性立法更应当遵循法制统一的原则，首先地方性法规不得与宪法、法律和行政法规等上位法相抵触或不一致，其次也不应与同位法有明确的冲突。

根据《中华人民共和国立法法》第七十三条①的规定，按照立法事项性质的不同，地方立法可以分为三种类型：实施性立法、自主性立法和先行性立法。自主性立法是指立法的范围属于地方性事务需要制定地方性法规的事项。湖泊具有"水来是湖，水走是地"等独特的生态特征，尽管有《中华人民共和国环境保护法》《中华人民共和国水法》《中华人民共和国水污染防治法》《中华人民共和国防洪法》《中华人民共和国渔业法》《中华人民共和国河道管理条例》等国家立法将湖泊作为水资源的一种予以普遍性保护，但是，仍然难以解决管理体制和保护范围不明确、水域分割、岸线侵占等湖泊保护中的特殊问题。湖北作为湖泊大省，地方性的湖泊保护问题特别突出。在全国性湖泊立法之前，《条例》作为专门针对湖北省湖泊保护、利用与管理的综合立法，对全省湖泊保护、利用和管理中的政府职责、保护规划与保护范围、水资源保护、水污染防治、生态保护和修复、保护监督和公众参与、法律责任等方面作出了明确规定，为湖北省全面开展湖泊保护、利用与管理提供了法制保障。由于是自主性立法，项目组主要是与新修订的《中华人民共和国环境保护法》《中华人民共和国水污染防治法》《中华人民共和国水法》等上位法，以及《湖北省水污染防治条例》《湖北省环境保护条例》《湖北省农业生态环境保护条例》等同位法进行比较分析，考查《条例》是否与上述法律存在抵触或不一致之处。通过对立法文本的纵横向详细比较分析发现，《条例》在制定权限和程序上遵循了《中华人民共和国立法法》，与上位法和同位法之间基本原则相一致，制度性条文规定不相冲突，符合法制统一原则的要求或合法性标准。《条例》具有较好的前瞻性，一些原则和制度创新甚至被后来修订的上位法采用，如"保护优先原则"。

---

① 《中华人民共和国立法法》第七十三条规定："地方性法规可以就下列事项作出规定：（一）为执行法律、行政法规的规定，需要根据本行政区域的实际情况作具体规定的事项；（二）属于地方性事务需要制定地方性法规的事项。除本法第八条规定的事项外，其他事项国家尚未制定法律或者行政法规的，省、自治区、直辖市和设区的市、自治州根据本地方的具体情况和实际需要，可以先制定地方性法规。在国家制定的法律或者行政法规生效后，地方性法规同法律或者行政法规相抵触的规定无效，制定机关应当及时予以修改或者废止……"

三、《条例》的合理性

地方性自主立法的合理性主要表现在地方性特色和适应性方面。《条例》的制定过程长达 16 年，在"千湖之省"面临严重湖泊保护危机之时得以通过，特色鲜明，使命清晰。

（一）湖泊立法模式

《条例》对湖泊立法模式的选择立足于湖北省情。湖北湖泊量多、面广，功能各异，差异明显，尤其是梁子湖、洪湖等重点湖泊有着极其独特的物理、化学、生物学特性，在湖泊开发、利用和保护上有着本湖泊流域的特殊问题。云南省对重点湖泊实行"一湖一法"的分散立法模式，江苏省采用省级统一立法模式。《条例》开创性地以地方立法的形式，明确了湖北省独特的湖泊立法模式：实行全省湖泊统一立法，即"千湖一法"，与重要湖泊"一湖一法"相结合，以协调湖北湖泊保护的普遍性与特殊性。《条例》第二条明确规定，"重要湖泊可根据其功能和实际需要，另行制定地方性法规或者政府规章，以加强保护"，为梁子湖等重点湖泊的专门性立法明确预留了立法空间。

（二）湖泊保护目标

发现各种不同的利益冲突并以规则的形式予以平衡与协调，是立法的基本任务。湖泊是湖北最为重要的生态资源，也是湖北生存发展的重要支撑，战略意义十分突出。随着湖北经济社会的迅猛发展，湖泊房地产及旅游开发、养殖、灌溉、防洪调蓄和生态保护等多元利益的冲突极为激烈，经济、社会与环境等各种功能之间的竞争加剧，依附在这些功能上的多元利益冲突不断升级。《条例》第三条规定，"湖泊保护工作应当遵循保护优先、科学规划、综合治理、永续利用的原则，达到保面（容）积、保水质、保功能、保生态、保可持续利用的目标。"《条例》率先将"保护优先"确定为省级湖泊立法的首要原则，并通过"五保"目标界定了湖北湖泊保护工作的重点和优先次序，以保面（容）积为首要目标，以可持续利用为最终目标，梳理与平衡了湖泊流域经济和社会发展中的多种功能，充分考虑了水资源、水质量、水生态等要素，以及经济、社会与环境的可持续性，将应急与谋远较好地统一在湖泊保护目标中。

（三）湖泊保护制度创新

针对湖泊数量多、自然类型和功能属性复杂、与经济发展和生产生活方式联系紧密、管理体制机制不畅等"湖情"，围绕"五保"目标，《条例》进行了制度创新。

1. 明确湖泊保护规划与保护范围

"千湖之省"的湖泊保护危机，与湖泊概念和保护范围不明、湖泊基础资料匮乏、家底不清，情况不明直接相关。制度创设的首要任务，就是摸清湖泊家底、界定受保护湖泊的范围，明确调整对象和调整范围。为此，《条例》制定了颇具特色的湖泊保护名录制度、湖泊规划制度、湖泊普查制度、湖泊保护范围及其勘界制度。

《条例》从立法技术上，以湖泊保护名录的方式对本法所调整的湖泊进行了界定，将列入名录的湖泊纳入立法调整。地方湖泊立法，如江苏等，通常将达到一定水域面积或容积的湖泊全部纳入名录，针对湖北湖泊数量多且"湖情"复杂的地域特色，《条例》一方面概括性地规定"本省行政区域内的湖泊保护、利用和管理活动适用本《条例》"，对所有湖泊给予全面保护；另一方面规定"湖泊保护实行名录制度"，对湖泊分级分类给予重点保护。湖泊名录制度授权省水行政机关会同有关行政主管部门，根据湖泊的功能、面积及应保必保原则拟定和调整湖泊名录，由省人民政府确定和公布，并报省人大常委会备案，体现了原则性和灵活性。《条例》确定了普遍性与特殊性相结合的湖泊规划制度，由县级以上人民政府编制湖泊保护总体规划，并报上一级人民政府批准，又要求根据湖泊保护总体规划，对所有列入湖泊保护名录的湖泊制定详细规划；为了避免规划的随意性，《条例》还对湖泊保护规划的内容及制定和修改的程序予以法定化。湖泊普查制度要求定期组织实施湖泊状况普查，建立包括名称、位置、面（容）积、调蓄能力、主要功能等内容的湖泊档案。湖泊保护范围的勘界和划定，设立保护标志及公示制度。《条例》确定湖泊保护范围包括湖泊保护区和湖泊控制区，并予以细化；而湖泊勘界制度则进一步要求根据湖泊保护规划划定湖泊保护范围，设立保护标志，确定保护责任单位和责任人，并向社会公示。上述制度的衔接与配合，为了解湖北湖泊实情，进行湖泊利用、保护和管理，特别是为"保面（容）积"提供了必要的前提条件和基础。

　　2. 建立统一协调、分工明确的湖泊保护体制机制

　　"九龙治水、条块分割"是我国水资源管理体制的痼疾，尤其是在湖泊流域。湖泊具有水资源、土地、湿地等多重法律属性，湖泊管理机构交叉、重叠、缺位，部门林立难管事的问题特别突出。《条例》高度重视此类问题，专设政府职责一章，建立了统一的湖泊管理体制，明确人民政府、湖泊主管部门及分管部门的法律地位和法定职责。第一，明确水行政主管部门为湖泊主管部门，规定县级以上人民政府水行政主管部门应当明确相应的管理机构负责湖泊的日常保护工作，还对跨行政区域湖泊的管理及其保护机构作出特别规定，为湖北长期存在的湖泊主管部门之争提供了法定方案；第二，授予人民政府和水行政主管部门在湖泊保护方面的统一协调权，并以列举的方式，明确了人民政府、水行政湖泊主管部门和生态环境、林业等主要分管部门的职责分工；第三，湖泊保护实行政府首长负责制，通过年度目标考核制度予以落实，建立了湖泊保护部门联动机制、湖泊保护投入机制等统一协调机制和制度。

　　3. 最严格的湖泊水资源保护制度

　　《条例》规定了最严格的湖泊水资源保护制度。湖泊水资源配置实行统一调度、分级负责，优先满足城乡居民生活用水，兼顾农业、工业、生态用水及航运等需要，维持湖泊合理水位，包括建立健全湖泊水功能区划、饮用水水源保护区、最低水位线、湖泊监测体系和监测信息协商共享机制等湖泊水资源保护制度。

　　4. 全面的湖泊水污染防治制度

　　湖北省湖泊富营养化的情况比较严重，主要是总磷、总氮超标。农村污染源主要是

农村种植业、畜禽养殖业和农村生活方式带来的面源污染，以及利用湖泊进行围网、投肥、投药养殖而造成的直接污染；城市污染源主要是城市生活垃圾处置不当、工业生产排污和开发湖泊旅游资源造成的污染。《条例》较为全面地规定了湖泊水污染防治措施，包括建立湖泊重点水污染物排放总量削减和控制计划，湖泊水域纳污能力核定、水质状况监测制度，实行污水集中处理制度等，并特别针对面源污染、船舶污染和旅游污染等湖泊水污染的突出问题，规定了禁止围网、围栏、投肥养殖及拆围制度，船舶水污染防治制度和旅游水污染防治制度。

5. 生态移民和生态补偿制度

农业、渔业和农村的生产和生活方式是湖北省湖泊最主要的污染源，长期以来，主要湖泊流域周边产业结构以种植业、水产业、畜牧业为主，水产养殖、农业面源、畜禽养殖和农村生活污染等农村面源污染物在入湖污染物中所占比例相当大，是省湖泊水污染、生态恶化的首要因素。要解决该问题，有效的防治方式就是实施生态移民、减少渔业对湖泊水体的利用。为此，《条例》概括性地规定了生态移民和对重点湖泊的生态补偿制度。县级以上人民政府应当根据湖泊保护规划的要求和恢复湖泊生态功能的需要，对居住在湖上、岸上无房屋、无耕地的渔民和居住在湖泊保护区内的其他农（渔）民实施生态移民，采取资金支持、技能培训、转移就业、社会保障等方式予以扶持。对重要湖泊的保护，省人民政府应当建立生态补偿机制，在资金投入、基础设施建设等方面给予支持。

6. 湖泊生态修复制度

在近几十年的发展中，因为湖泊污染、城市开发，加之水利设施脆弱、天灾破坏，省内湖泊水体萎缩严重，洪湖、斧头湖、长湖等主要湖泊水体面积创历史新低，湖泊生态系统破坏严重。《条例》规定了湖泊生态保护和修复制度，规定辖区内的县级以上人民政府应当加强湖泊生态保护和修复工作，保护和改善湖泊生态系统。县级以上人民政府水行政主管部门应当会同相关部门开展湖泊生态环境调查，制定修复方案，报本级人民政府批准后实施。县级以上人民政府应当组织相关部门，运用种植林木、截污治污、底泥清淤、打捞蓝藻、调水引流、河湖连通等措施，对湖泊水生态系统及主要入湖河道进行综合治理，逐步恢复湖泊水生态。县级以上人民政府林业行政主管部门应当依据湖泊保护详细规划，会同相关部门修复湖滨湿地，建设湿地恢复示范区，有计划、分步骤地组织实施环湖生态防护林、水源涵养林工程建设，维护湖泊生物多样性，保护湖泊生态系统，禁止猎取、捕杀和非法交易野生鸟类及其他湖泊珍稀动物，禁止采集和非法交易珍稀、濒危野生植物。在水生动物繁殖及其幼苗生长季节的重要湖区和洄游通道，农（渔）业行政主管部门应当设立禁渔区，确定禁渔期。在禁渔区内和禁渔期间，任何单位和个人不得进行捕捞和爆破、采砂等水下作业。县级以上人民政府应当组织农（渔）业等有关部门在科学论证的基础上，采取适量投放水生物、放养滤食性鱼类、底栖生物移植等措施修复水域生态系统，并对各类水生植物的残体及有害水生植物进行清除。

7. 信息公开与公众参与制度

湖泊保护涉及经济社会发展的各个方面，在政府主导下，公众的参与十分必要。多主体参与、多元化治理是国内外湖泊保护的成功经验。但在湖北的湖泊保护中，政府的主导性得到了较高程度的体现，企业、居民等利益相关方的参与程度还非常低，环境保护的社会力量还非常薄弱。社会公众的低参与，一方面对政府有关不利于湖泊保护的决策监督和制约乏力；另一方面社会公众的生产方式、生活方式及文化程度都可能成为危害湖泊生态平衡的直接原因。反过来，公众的行为还可能加大政府管理成本，形成恶性循环。

《条例》从相关政府定期公布湖泊保护情况白皮书、定期发布湖泊保护相关信息鼓励社会投入湖泊保护等方面规定了信息公开与公众参与制度，为公众参与湖泊保护提供了较为全面的制度保障。

四、《条例》权利义务配置的适当性

立法的重要功能是通过权利义务的赋予和配置，达成激励、惩戒、导向和指引的法律作用。《条例》从政府职责、湖泊保护规划与保护范围、湖泊水资源保护、湖泊水污染防治等方面对涉及湖泊保护、利用和管理相关主体的权利和义务设置了比较全面、明确的规定，以确保湖北省湖泊水生态环境质量的整体改善和实现湖泊保护的"五保"目标。但是《条例》在权利义务配置中还存在如下问题。

（一）权利义务内容设置偏向于政策性立法，原则性、倡导性条款多，责任规制性条款少，法律的实效性有待提升

政策性立法的特征是非针对具体的环境管制事项、非关具体的管制工具与执行手段，而是确立环境政策导向与原则，规范环境法制中所需的基础制度。政策性立法以各级政府机关为规范对象，这代表着行政部门在执行环境政策时，必须以政策性法律为基准，而法院在解决环境争议时也必须尊重立法部门在此方面的意志，以此政策性的环境法律为依归[1]。《条例》中的大多数条款是针对各级地方政府及其相关部门在湖泊保护、利用和管理规定的职责，这些职责不属于违反需承担法律责任的强制性义务，而是一种宣示性的政策导向和原则。尽管未完成某些职责也可能引起问责，但是在《条例》的法律责任中并未有明确规定。如《条例》第五条第二款规定，"跨行政区域湖泊的保护机构及其职责由省人民政府确定"，但《条例》实施五年来，梁子湖、洪湖、长湖等跨行政区域重点湖泊的湖泊保护机构及其职责依然在原地踏步，成为困扰湖北省湖泊管理体制的重大问题。梁子湖管理局仍然归口省农业厅水产局管理，主要定位为渔政管理；洪湖湿地管理局仍然归口省林业厅管理，主要定位为湿地保护；长湖则尚未设立跨行政区域的保护机构，一直实行"分级、分部门、分地区三结合"的管理模式，有荆州的四湖管理局、荆门的长湖渔政船检港监管理站，长湖出入涵闸、泵站、河道、堤防等又分属不同部门来管理，"多头管理、各自为政"的现象仍未解决。因此，《条例》修改时要让更多的条款具有约束力，便于实施和操作。

《条例》中的倡导性规范奖励措施不明确。倡导性规范需要奖励性措施配套实施。当后果是肯定性时，特别是模范地遵守提倡性规范时，需要有明确的奖励这种肯定的法律后果。要加强监督机关监督力度，人大、司法机关、监察机关都有监督的职责和权力，要通过不同方式强化对法律实施的监督。人大通过质询或者专题询问，监督相关法律条款的实施，媒体通过报道事例案例，舆论监督；社会公众通过复议、诉讼方式，维护权益。

2015 年 4 月 27 日，湖北省人民政府办公厅发布《湖北省湖泊保护行政首长年度目标考核办法（试行）》，共 5 章 23 条，对省政府办公厅公布的两批名录中 755 个湖泊按省、市、县三级进行划分管理，湖泊保护将直接与地方行政首长的考评挂钩。根据上述办法，县级以上地方政府主要负责人对本行政区域湖泊保护工作负总责。省政府每年将对各市（直管市、林区）政府湖泊保护工作行政首长责任和年度目标完成情况进行考核。考核评分表按照百分制细分为 39 项，不仅要考核湖泊的功能、形态、水质、生态等具体保护情况，还要考核护湖机制、宣传教育等方面。考核评分表特地列出"一票否决"的情况：当年发生湖泊数量减少 2%，或单个湖泊人为减少面积 2% 以上，或辖区湖泊水质低于上年现状水平 1 个等次的，直接评定为不合格，并责令限期恢复。逾期未恢复的，对有关责任人实行问责。省政府将定期通报考核情况，考核结果将作为各市政府主要负责人、分管负责人和部门负责人任免、奖惩的重要参考依据。考核不合格的市政府，向省政府作出书面报告，提出整改措施，限期整改。整改不到位的，对有关责任人实行问责。

（二）义务主体重企业而轻公众

《条例》对于公众保护湖泊的权利义务规定薄弱，主要体现在《条例》第五十一条："县级以上人民政府及其相关部门应当加强湖泊保护的宣传和教育工作，增强公众湖泊保护意识，建立公众参与的湖泊保护、管理和监督机制。"第五十四条："鼓励社会各界、非政府组织、湖泊保护志愿者参与湖泊保护、管理和监督工作。鼓励社会力量投资或者以其他方式投入湖泊保护。社区、村（居）民委员会应当协助当地人民政府开展湖泊保护工作，督促、引导村（居）民依法履行保护湖泊义务。"明确的个人义务性规定体现在第五十五条："在湖泊保护范围内从事生产、经营活动的单位和个人，应当严格遵守湖泊保护法律、法规的规定和湖泊保护规划的规定，自觉接受相关部门和公众的监督，依法、合理、有序利用湖泊。"而 2014 年修订的《中华人民共和国环境保护法》第六条明确了"一切单位和个人都有保护环境的义务"，"公民应当增强环境保护意识，采取低碳、节俭的生活方式，自觉履行环境保护义务"。强化了公民个人保护环境的义务，并且在保障公民参与环境保护的问题上增加了专门的第五章"信息公开与公众参与"。相比较而言，《条例》对参与湖泊保护规定主要是公众的监督性权利，对于义务只从原则性规定，怎样履行义务规定较少。同时《条例》对于保障公众参与的前提，即公众环境信息知情权的保障，以及公众参与的程序和途径规定不够，对于政府和企业的湖泊保护环境信息公开义务规定较少，导致公众对于湖泊保护环境问题知之甚少，参与湖泊保护的途径和手段不足、可靠性程度较低。因此，有必要在修改《条例》时增加和细化公众参与湖泊保护的权利和义务性规定。

五、法律责任的适当性

《条例》实施以来,执法部门根据条例相关规定,严格履行处罚程序,规范执法行为,加大了对违法排污企业整治力度,深入开展专项执法检查,重点加强对重污染行业和集中式污水处理厂的环境执法监督,积极向司法机关移送环境污染案件,严惩不法企业。截至2016年,全省共责令停产企业1 109家,查封扣押58起,限产停产74起,按日计罚2起,共移送涉嫌污染环境犯罪案件14起,刑事拘留18人,向公安机关移送适用行政拘留案件67起,行政拘留61人,有效震慑了湖泊违法行为。据生态环境部统计数据,2015年湖南省湘江流域8市到京信访投诉交办量比2012年同期下降49%。问卷调查数据也显示,92.44%的政府相关工作人员认为法律责任设定与违法行为性质、情节、社会危害程度是相当的。

按对应原则,法律责任条款应当与法律条文中的义务性条款相对应。但是,由于《条例》的法律责任覆盖面窄,还存在义务与责任不相对应的问题。首先,《条例》的法律责任条款比例偏少。《条例》在"法律责任"章节规定了五个责任条款,约占全部条文的8%,与2014年《中华人民共和国环境保护法》的14.2%,2016年《中华人民共和国水法》的17%相比有差距,与2017年《中华人民共和国水污染防治法》的20.4%更是存在明显的差距。其次,存在有义务无责任的情况。《条例》使用"禁止"的有11处,但只有4处在法律责任部分有明确地应对,使用"不得"的有6处,但只有3处在法律责任有较明确的应对,而使用"应当"的条款往往没有法律责任对应。再次,《条例》的责任条款形式过于简单。《条例》的五个责任条款中一条是概括性指引,即"违反本条例规定,法律、行政法规已有处罚规定的,从其规定";一条是对行政管理人员违反《条例》规定作出的处分规定,其余三个条款是对行政相对人违反《条例》的行政处罚,且偏重罚款。这有可能造成法律责任模糊不清,甚至导致无责可追的情况出现,不利于《条例》设定目标和设定制度的具体实施。例如,《条例》第四十二条关于船舶水污染防治的规定是其重要特色之一,但法律责任却存在空白。《条例》未规定违反第四十二条的具体法律责任,其中,违反本条关于"湖泊内的船舶应当按照要求配备污水、废油、垃圾、粪便等污染物、废弃物收集设施"的行为可以适用《中华人民共和国水污染防治法》第八十九条,采取责令限期改正、罚款、责令船舶临时停航等多种法律责任方式。但是,《条例》关于"港口、码头等场所应当配备船舶污染物接收设施,并转移至其他场所进行无害化处理",以及"在城区湖泊和具有饮用水水源功能的湖泊从事经营的船舶,不得使用汽油、柴油等污染水体的燃料"等规定,是根据湖北省情对《中华人民共和国水污染防治法》中船舶水污染的细化,无法适用《中华人民共和国水污染防治法》中的法律责任条款,需要在修改《条例》时加以完善。

2013年以来,《中华人民共和国环境保护法》《中华人民共和国水法》《中华人民共和国水污染防治法》等国家环境法律相继修改,强化了法律义务与法律责任的对应,丰富了法律责任方式,加大了处罚力度,《条例》与之相比存在明显差距。这些差距说明,在国家环境立法大幅修改的背景下,《条例》制定时规定的法律责任略显薄弱,亟待充实和完善。事实上，在《条例》立法后评估调研中，地方执法人员也反映出《条例》的可执行性较弱，对于湖泊保护形成的法律威慑不强。

六、《条例》的可操作性

可操作性是衡量地方立法的质量标准的重要因素，以下因素直接影响《条例》的可操作性。

（一）配套立法和政策

《条例》通过后，湖北省虽然尚未制定该条例的《实施细则》，但国家和地方的系列立法和政策为《条例》的实施提供了良好的条件。

在国家层面，《条例》制定颁布以后，2014 年我国环境保护领域的基本法《中华人民共和国环境保护法》进行了重大修改，成为"史上最严"的环境保护法。该法修订后，一系列国家立法也随之修订，主要有 2016 年修订实施的《中华人民共和国水法》《中华人民共和国环境影响评价法》，2017 年修订的《中华人民共和国水污染防治法》，2018 年制定的《中华人民共和国土壤污染防治法》。为配合 2014 年《中华人民共和国环境保护法》的实施，国家制定了四个配套办法《环境保护主管部门实施按日连续处罚办法》《环境保护主管部门实施查封、扣押办法》《环境保护主管部门实施限制生产、停产整治办法》《企业事业单位环境信息公开办法》；2014 年国务院制定了《畜禽规模养殖污染防治条例》与《城镇排水与污水处理条例》；2015 年 2 月，中央政治局常务委员会会议审议通过了《水污染防治行动计划》（简称"水十条"）。上述法律、法规和规章，以及规范性文件的实施，为提升《条例》的可操作性提供了良好的基础。

在湖北，相继发布《湖北省人民政府关于加强湖泊保护与管理的实施意见》、《湖北省湖泊保护行政首长年度目标考核办法（试行）》和《湖北省湖泊保护总体规划》，对《条例》规定的制度予以细化。2017 年，湖北省委办公厅、政府办公厅还发布了《湖北省关于全面推行河湖长制的实施意见》，将《条例》的规定落到实处。湖北先后公布了两批共755 个湖泊保护名录，编纂了《湖北省湖泊志》，建立湖泊档案予以保护，并从 2012 年起发布《湖北省湖泊保护与管理白皮书》。

（二）下位法的制定与修改

湖北是"千湖之省"，各地湖泊保护既有共性又有个性。因此，《条例》通过前后，武汉、鄂州两地还制定了本地区的湖泊保护立法。

2002 年，"百湖之市"武汉市在全国率先实施了地方湖泊立法——《武汉市湖泊管理保护条例》（2001 年 11 月 30 日武汉市人民代表大会常务委员会通过，2002 年 1 月 18 日湖北省人民代表大会常务委员会批准，2002 年 3 月 1 日生效）。为保证《武汉市湖泊管理保护条例》的实施效果，武汉市随后制定了较为系统的配套文件，主要有《武汉市湖泊保护条例实施细则》（第八条和第二十四条）（2005 年）和《武汉市湖泊整治管理办法》（2010年）。省级《条例》通过之后，武汉市依据《条例》和武汉市湖泊保护的现实需要，消除其与《条例》的不一致之处，先后对上述三项湖泊保护立法及时进行了修订，修订后的武汉市湖泊保护立法与《条例》的相关规定基本保持一致，为《条例》在武汉市的实施提供了保障。

2015年3月15日，第十二届全国人民代表大会第三次会议决定对《中华人民共和国立法法》作出修改，将地方立法权扩至所有设区的市。2018年7月6日鄂州市第八届人民代表大会常务委员会第十二次会议通过，2018年7月26日湖北省第十三届人民代表大会常务委员会第四次会议批准了《鄂州市湖泊保护条例》，2019年1月1日生效。这是地方立法权扩张后，湖北第一部设区的市级湖泊立法，适用于鄂州市行政区域内的湖泊（含水库）的保护、利用和管理。《鄂州市湖泊保护条例》与《条例》保持了一致性，并对《条例》在鄂州市的实施予以具体细化。

（三）《条例》的司法可适用性

从2016年起，开始出现了适用《条例》的司法案例，其中2016年2例，2017年7例[①]。主要适用为第六十一条第一款，即"违反本条例第四十条第二款规定，围网、围栏养殖的，由县级以上人民政府农（渔）业行政主管部门责令限期拆除，没收违法所得；逾期不拆除的，由农（渔）业行政主管部门指定有关单位代为清除，所需费用由违法行为人承担，处1万元以上5万元以下罚款"。

（四）《条例》的技术规范性

首先，《条例》的名称简明、准确。该名称既反映出《条例》的适用范围，也体现了立法的内容要素，符合地方立法名称的基本格式要求。从《条例》的名称可以看出，《条例》适用于本省湖泊利用、保护和管理，其规范内容覆盖湖泊利用、保护和管理的方方面面，而不仅限于湖泊保护的监督管理活动。

其次，基于不同的参考纬度，《条例》的体例结构相对合理，内容完整，要素齐全、完备。《条例》"总则—政府职责—湖泊保护规划与保护范围—湖泊水资源保护—湖泊水污染防治—湖泊生态保护和修复—湖泊保护监督和公众参与—法律责任—附则"的篇章结构安排，对湖泊流域内从事开发、生产、旅游、渔业、排污、生态修复等活动进行了规范，反映了综合治理的要求，体现了"山水林田湖生命共同体"统一保护的思路，同时与党的十八大、十八届三中、四中、五中、六中全会及党的十九大提出的建设生态文明的战略要求和湖北省实施生态立省战略，"推动湖北长江经济带绿色发展"，为全国湖泊流域地区科学发展提供示范的要求相一致。

参 考 文 献

[1] 叶俊荣.环境立法的两种模式: 政策性立法与管制性立法[J]. 清华法治论衡, 2013(3): 6-16.

---

① 数据来源：中国裁判法律文书网。

域外流域立法发展

　　域外流域立法的发展变迁规律可以为我国当前长江、黄河流域保护立法提供重要启示。欧盟各国、美国、澳大利亚、日本等国在流域立法过程中积累了较为丰富的经验。总体看来，域外流域立法经历了传统法调整、现代流域立法产生和流域立法的综合化三个阶段；流域空间概念逐步具备独立的法律内涵并得到立法确认，随后其内涵不断向流域治理的整体性和综合性方向发展迈进，由此推动域外水事立法体系不断完善，形成了独立的流域法来调整日趋复杂的流域空间法律关系。

域外流域立法的发展变迁及其
对长江保护立法的启示*

邱 秋

《长江保护法》被列入十三届全国人民代表大会常务委员会立法规划的一类立法项目并进入 2019 年立法计划，标志着长江保护立法已从蓝图走向现实。《长江保护法》是我国首次以国家法律的形式为特定的河流流域立法，是一项开创性的水事立法。立法保障流域治理是世界各国面临的共同问题和挑战，现代流域立法已有一百多年的经验，比较域外流域立法发展变迁的普遍规律，为制定《长江保护法》提供了更为宽广的世界经验。

一、域外流域立法的缘起

流域由基于水文循环的自然生态系统，以及基于水资源开发利用而形成的社会经济系统共同组成，是一个自然人文复合生态系统。从形成之日起，流域就是一个相对独立的自然地理系统。但是，流域空间作为一个独立单元进入法律，产生了现代意义上的独立的流域立法，经历了漫长的历史发展。

（一）流域问题的传统法调整阶段

20 世纪以前，法律上并无独立的流域概念。无论在法学观念上，还是在法律制度上，包括河流、湖泊在内的附属于土壤的任何东西都被视为土地的附属物而存在[1]。长期以来，受生产力发展水平的限制，河流的用途主要与防洪、航行、捕鱼和灌溉等单一的使用功能有关，人们缺少对河流流域进行大尺度管理的需求和能力，开发利用范围局限于地表水流及其毗邻的河岸地带，远小于流域的自然空间。因河流利用而产生的有限的经济利益冲突，主要适用传统民法，特别是土地所有权规则派生而来的法律规则。起源于罗马法的公共信托原则提供了航行和捕鱼方面的公共权利[2]。来源于罗马法和中世纪习

*作者简介：邱秋，博士，湖北经济学院法学院教授，主要研究方向为环境资源法。

基金资助：本文系教育部人文社会科学重点研究基地重大项目"生态文明与环境治理机制变革研究"（批准号：19JJD820005）；长江水利委员会长江科学研究院"长江流域生态用水配置法律机制研究"（批准号：HX1758）阶段性成果。

文章来源：《中国人口·资源与环境》2019 年第 10 期，本文已经作者及期刊授权出版。

惯法的河岸权原则，成为解决水事纠纷的主要法律工具。根据河岸权原则，河流沿岸的土地所有人有权对水进行合理使用，即"没有明显的减少、增加和改变水的特征和质量的使用"[3]。《法国民法典》和英国普通法均吸收了河岸权原则，借助于它们的传播，河岸权原则在 19 世纪得以发展完备。河岸权原则承认与水流接界的土地所有者的社区利益，反映了水和流域单元的相互依赖，使流域更具凝聚力。美国、荷兰、英国、德国、日本等国家，为了防洪、排水等，制定了一些地方性或单项水法。但流域在法律上并没有成为独立的水资源管理单元，也不存在现代意义上的流域立法。

（二）现代流域立法的产生时期

现代流域立法的实践，源于法学界对流域管理理念的共识。流域管理概念产生于 20 世纪初期，早期主要关注流域的单项问题。以河流流域为单元来规划和管理河流、湖泊和相关地下水的利用，通过成文法和条约出现在法律中，是 20 世纪的概念[4]。

19 世纪后期，科技的巨大进步拓展了水的用途，水的有效利用将流域的社会经济单元扩展到流域的自然地理单元，扩大了法律上的流域尺度，成为在法律上将河流流域当作一个管理单元来规范的主要理由。20 世纪是河流流域作为一个经济发展单元的黄金时代，经济发展是采用流域管理模式的主要动因[5]。伴随着流域经济的空前发展，流域各种功能和利益之间的冲突也日益复杂。除传统的洪水防控、水权分配等流域事务外，跨流域调水、修建水库等深度开发，对流域尺度的规范与协调提出了越来越高的需求。20 世纪以来，流域尺度上的多元功能和利益冲突，已超越了传统民法，以及地方性或单项水事立法的调整范围，迫切需要以流域作为水资源管理单元的新的法律形式。流域在法律上成为独立的水资源管理单元，标志着现代流域立法的产生。现代流域立法的实践在两个层面展开：一是普遍性流域立法，即用流域管理的理念，改造与环境保护或水相关的国家或地方立法，建立起流域管理的理念和框架性规范；二是为某一特定流域制定的流域特别立法。

许多国家在中央立法、地方立法和流域特别法中都贯彻了流域管理的理念，接受以流域空间作为水资源管理单元来解决各类流域问题。人们提倡流域是一个独特的经济地区，通过全流域立法，规划和监督所有资源一体化发展。在澳大利亚的墨累—达令流域，长期适用英国普通法中的河岸权原则解决水事纠纷。经济发展导致激烈的用水之争，上游的维多利亚州、南澳大利亚州和下游的新南威尔士州分别出资创立了本州的人工运河分配制度，加剧了上下游之间的矛盾，地下水利用也出现了"公地的悲剧"。为弥补河岸权原则的不足，1914 年澳大利亚联邦政府与上述三州共同签署了《墨累河水协定》，在法律上体现了流域单元和流域管理的理念。在美国，1933 年《田纳西流域管理法》开创了通过法律授权成立流域管理机构，成为特别经济和社会目标自治流域实体的先河。1956 年，美国国务卿宣布河流流域发展是经济发展的本质特征。西班牙、意大利、法国不仅在单一河流上，而且在整个国家尺度上进行了流域规划和管理。在国际河流立法上，1950 年国际法委员会通过了流域一体化原则，并在 1961 年的萨尔茨堡宣言中重申，1966 年国际法协会的《赫尔辛基规则》充分体现了为国家发展而分享水资源的合作。

二、域外流域立法的综合化发展

综观美国、澳大利亚、日本、欧盟等流域立法较为成熟的国家和组织，20 世纪 60 年代以后，流域立法普遍经历了综合化的发展变迁。

（一）流域立法综合化的主要表现

1. 流域立法从地方分散立法为主走向中央统一立法

流域事务曾经普遍被认为主要是地方事务，中央政府发挥的作用有限。美国境内大江大河大湖众多，是最早尝试流域综合管理和开始现代流域立法的国家之一。作为联邦制国家，1927 年密西西比河大洪水事件之前，流域事务一般由流经各州行使属地管辖权。在澳大利亚，1901 年成立联邦时，各州坚持在联邦宪法中规定："联邦不能通过任何贸易或商业法律或规章来削减州及其居民为了保护或者灌溉而合理使用河流水的权利。联邦可以拥有航运权，但也需要受到限制"[3]。在欧洲，国际河流或在一个独立国家内跨两个或两个以上次级政治区域的河流众多，跨界流域引发的冲突极为常见。但是，历史上各国普遍认为流域事务具有地方性，如法国 1964 年之前实行以省为基础的水资源管理，德国的流域水事立法也属于地方事务。20 世纪 60 年代以后，反思历史上流域管理成败的经验，流域管理不再仅仅被当作地方问题来看待，利用修改水法和相关立法的机会，各国将流域管理的理念和框架性制度统一规定在国家立法中。

2. 流域立法从单项立法走向综合立法

在美国，《水资源规划法案》（1965 年）是历史上第一部综合性全国流域立法，主要目标是优化水资源开发利用。20 世纪 70 年代以后，流域立法开始强调流域水生态环境保护、水安全及可持续发展。美国国家环境保护局还发布系列具有指南意义的流域治理报告，如《流域保护途径》等，指导、协调流域各州进行流域综合治理，为流域管理提供统一规范。

在澳大利亚，1983 年的 Commonwealth v.Tasmania 案中，联邦政府成功阻止了塔斯马尼亚州政府建设一座大坝，结束了完全由州控制的水资源管理政策[3]。20 世纪 80 年代，州际合作得以加强，因各州立法不同，南墨累河地区存在 183 种灌溉水权，每一类水权都有不同的权利内容、时效期限和名称，使州际水权交易变得几乎不可能[3]。2007 年，澳大利亚按照流域综合管理理念制定了第一部全国性水法，标志着墨累—达令流域由原来的主要依托州的分散化立法转为强化联邦权力的流域统一立法，通过流域计划来统一流域内各州制定的水计划，要求流域内所有地表水和地下水都本着国家利益原则统一管理，优化经济、社会和环境结果，并使《拉姆萨尔湿地公约》等国际公约在澳大利亚得到实施。

欧盟一直致力于内部大范围的环境政策合作，进而推进跨界流域综合管理立法，成效显著。历史上，欧洲跨界河流争议主要集中于航行、防洪和灌溉等水量分配问题，《凡尔赛条约》（1919年）、《多瑙河航行制度公约》（1948年）等流域立法均以水量分配为主。20世纪70年代后，欧盟流域立法的重点指向单项环境问题，水资源作为独立的环境要素得以保护。欧盟针对特定水体或污染源等单项水环境问题，颁布了《成员国抽取饮用水的地表水水质指令》《保护改善可养鱼淡水水质指令》等一系列涉水指令；并通过《杀虫剂指令》《硝酸盐指令》等农业和其他领域的政策工具，加强水体保护。以单项环境问题为主的流域立法发挥了重要作用，但不可避免地导致水政策法律的结构复杂，内容零散破碎且存在诸多重叠。2000年12月22日，《欧盟水框架指令》（The EU Water Framework Directive，WFD）正式颁布，为欧盟在水政策方面采取一体化行动建立了综合的法律框架。WFD要求所有欧盟成员国必须按照指令的各项要求或为实现指令所规定的目标，规范本国的水资源管理体系和法律，是欧盟整合零散水资源法规，形成统一的水法框架的典范。流域管理是WFD的核心，所有水资源的管理都必须与水体的自然界限相符；流域管理规划包括地表淡水（湖泊、溪流、河流）、地下水、生态系统（如一些依赖于地下水的湿地）、海湾和沿海水域等。WFD要求运用综合的管理方法来保证实现已被认可的目标（Art.10 WFD），为欧洲国家提供了一套规则体系使得本国的水资源可以走向可持续的未来[6]。

在德国，1957年，联邦议会通过《水平衡管理法》，形成了联邦范围内统一的水事法律框架。2009年，该法得到全面修订，将WFD转化为国内法，并大量吸收各州水法，首次实现了全国统一的、直接适用的水事基本法[7]。20世纪80年代以来，荷兰逐步整合其水法。2009年，整合了八部单项水法的综合性的《水法》及其相关附属法规和实施细则生效，终止了每项水任务都有专门法律的高度碎片化的立法模式，改善了水法的内在一致性，从法律上实现了水系统的综合管理[8]。在法国，1992年颁布了新《水法》，规定法国"实行以自然水文流域为单元的流域管理模式"，以实现各种用途水的平衡管理及各种形式水（海水、地表水、地下水、沿海水）的统一管理。2004年，法国将WFD转化为国内法，确立了法国的水资源管理目标，以同欧盟的整体目标保持一致[9]。

在日本，19世纪末，河流立法的主要目的是防洪。《河川法》（1964年）确立了流域管理基本制度，与《工业用水法》《水资源开发促进法》等多部涉水法律，共同组成了完善的水资源管理法律体系，为流域管理提供了法律保障，并以流域水资源基本规划作为流域统一协调的技术基础[9]。2014年，日本通过了《水循环基本法》，认为要从流域的整体出发考虑水循环过程及其产生的影响，因此必须进行流域综合和一体化管理[10]。《水循环基本法》相当于统一各单项立法的大纲，强调流域水资源统一管理，规定全国水资源由一个部门主管，协调多个分管部门，建立了级别很高的"水循环政策本部"，推动了水资源利用的部门协调与管理。

（二）流域立法综合化的理论基础

生态系统方法、流域综合管理等与可持续发展相关的概念进入法律，为流域立法综合化提供了理论基础。自然资源管理中的"生态系统"一词可以追溯到1972年斯德哥尔摩联合国人类环境会议[11]。1978年，加拿大和美国将生态系统方法用于《大湖水质协议》

的污染控制[12]。随后，生态系统方法在法律中得到了广泛运用。例如，1994年，国际法委员会在《国际水道非航行使用法》的第20条中要求沿岸国家"保护国际河道的生态系统"，狭义解释为只适用于河流和水质。但是，联合国欧洲经济委员会在其1993年版有关水资源管理生态系统方法的指导方针中，建议将整个流域作为综合生态系统水资源管理的自然单位[13]。流域综合管理是与可持续发展联系在一起的另一个概念。1992年，关于水资源和可持续发展的《都柏林原则》指出，水资源的高效管理仰赖一种整体方法，将社会和经济发展与自然生态系统保护关联起来，并将整个流域或地下蓄水层的土地和用水关联起来。宣言明确支持河流流域作为规划、管理、保护生态系统和解决水资源冲突的单位[14]。1992年联合国环境与发展会议进一步阐明，水资源综合管理的基础在于"水是生态系统的组成部分，是一种自然资源和经济产物，其数量和质量决定了水资源的利用"，强调"考虑地表和地下水之间的现有内在联系，水资源综合管理应在流域或子流域层面进行"[15]。1994年，联合国可持续发展委员会提出综合管理建议，以整体方式调动和使用水资源，并敦促对国家、国际和所有适合层面河流和湖泊流域的综合管理和保护给予特别关注[16]。为应对21世纪全球规模的水危机，20世纪90年代中期以来，许多国家提倡通过各种途径实现流域综合管理[17]。

（三）现代流域立法综合化的空间面向

现代流域立法的综合化，不仅是对"碎片化"的流域单项立法和地方立法进行整合的立法技术，更是法律对现代流域空间扩张的调整与适应。受生态系统方法、水资源综合管理理念的推动，法律上的流域概念不仅在20世纪得以形成，还经历了一个逐步向整体性和综合性迈进的过程[4]。流域空间外延和内涵的扩张，意味着流域功能更加广泛，流域空间内的多元利益博弈更为激烈，导致法律对流域空间不断进行重新定义和阐明，以更加综合化的立法来容纳和调整日益复杂的流域法律关系。

1. 现代流域空间的外延扩张

流域的核心要素是水，科技发展扩大了人类可资利用的水资源类型。20世纪以来，法律上流域的概念逐步从地表水扩张到地下水、空气水等，流域所有的水资源被视为一个整体在法律上调控。第二次世界大战前，地下水大多归属于土地所有权人。第二次世界大战后，出现了将地下水作为流域的一个部分，纳入流域范围进行水行政管理的趋势。在美国，1950年水资源政策委员会宣布，所有流域项目中都应包括地表水和地下水；1960年的《特拉华和萨斯奎哈纳河流域协议》中，对大尺度的地下水和地表水进行联合利用；1974年的《哥伦比亚特区自然资源和环境保护法》中，流域作为一个联合管理单元，涵盖了流域内地表水、地下水和空气水的联合利用。在国际法上，关于国际地下水的《赫尔辛基规则》像国际流域那样对待跨界含水层；1992年的《都柏林宣言》，宣布规划和管理水资源的最合适的地理单元是河流流域，包括地表水和地下水。

2. 现代流域空间的内涵扩张

随着资源环境问题的发展，流域空间在法律上从一个水资源管理单元，成长为一个资源发展单元，其概念不仅扩展到与水相关的土地、大气、自然资源等，还增添了环境保护等生态功能方面的新元素。20 世纪 80 年代末期以来，环境顾虑使流域问题得到全新关注，污染控制、生态系统保护及全球气候变化，开始成为流域单元的新元素。法律对流域的调整扩大到移除对淡水生态系统造成巨大损害的水利工程，努力改善鱼和野生生物的栖息地，提升流域尺度的生态系统恢复等。例如，美国 1990 年的《特拉基水权解决法》，为金字塔湖的生态恢复提供了保障；1992 年的《中央山谷项目提升法》，保护了中央山谷和加利福尼亚州特里尼蒂河流域的河流和水流中的栖息地。

三、域外流域立法的模式选择

流域立法有普遍性流域立法和流域特别立法两种模式，前者普遍适用于所有流域，后者则仅适用于特定的具体流域。普遍性流域立法并不能完全替代对特定流域的专门立法。尽管流域特别立法的实践十分丰富，形式不一而足，但并不是所有的国家都有流域特别法，一国范围内也不是每个流域都有流域特别法。要为特定的流域立法，除了政治制度的影响，通常还考虑以下因素。

（一）流域自然地理因素

制定流域特别法，与所在国家和流域的自然地理条件相关。欧洲河网稠密，国家林立，成为全球国际河流最多的地区。根据 WFD，欧盟将境内的所有河流划分为 128 个流域区，其中 49 个跨域了国家边界[18]。为解决跨界流域导致的冲突与合作，欧洲成为全球流域协议最多的地区，莱茵河、多瑙河等大型国际河流均制定了流域特别法。日本河流众多，受岛国地理环境的影响，河流长度和流域面积均较小：最长的河流为 367 km 的信浓川；流域面积最大的河流利根川全长仅 332 km。因面积有限，河流较短，流域差别相对小，日本主要通过《河川法》《水循环基本法》等普遍性流域立法来实现流域管理。

（二）流域社会经济因素

流域社会经济系统的活跃度和重要性，是流域特别立法的催化剂。大规模的流域经济开发利用活动往往伴随着流域特别立法。美国田纳西河流域受经济危机和环境恶化的影响，一度沦为全美最贫困地区，流域内开发利用的地方矛盾增多，1933 年通过的《田纳西流域管理法》，为重塑流域经济提供了法律支撑。罗纳河是法国第二大河和重要的政治、文化和经济中心，法国为其制定了广泛的开发计划，1921 年法国国会通过立法，从水电、航运、农业灌溉等方面对罗纳河流域进行综合开发治理，保障其成为流域综合开发与管理的成功范例。澳大利亚为墨累—达令流域制定流域特别法，该水系是澳大利亚最大和唯一发育完整的水系，更是澳大利亚经济的关键、农业的"心脏"和食物的"摇篮"[19]。德国为鲁尔河立法，加拿大为第一长河马更些河立法，以及亚马孙河、尼罗河等国际河流制定流域特别法，均与流域大规模经济开发利用规划直接相关。

（三）流域功能定位因素

普遍性流域立法同样可以适用于具体流域，它们会针对每个流域特殊的地理、人文环境而调整到适合的形态。当流域功能较为单一，流域问题相对简单时，在普遍性流域立法框架下也能较好地实现流域综合管理。如简单的流域航道问题通过项目治理就能实现，无须专门制定流域特别法。但是，当流域功能越是趋向多元时，流域问题和流域法律关系就越复杂，用普遍性流域立法的一般规则，很难有效协调流域的各种社会、经济、生态功能之间的冲突，以及附着其上的利益冲突。流域特别法可以专门针对本流域的多元功能予以特别的制度设计，更具实效。

（四）流域问题特殊性因素

普遍性立法难以解决具体流域的特殊问题。流域管理具有多样性和范围的差异性，每一个流域面临的主要问题，流域管理的主要目标、范围和尺度，流域问题协调的难度都不相同。流域综合管理也是一个长期的过程，必须根据流域的条件和情形进行管理，而不能复制其他流域的管理模式[20]。如果具体流域的问题具有很强的特殊性，普遍性流域立法提供的框架性制度，实施时就很难转化为具体流域的实际行动，需要制定流域特别法，来应对流域特殊问题。例如，"墨累-达令流域在澳大利亚国家政治、经济上是如此重要，一方面需要授权联邦政府更强有力的参与、管理，另一方面由于墨累-达令流域本身的状况是独一无二的，已经建立的一系列同时也适用于其他流域的、统一的国家法律、政策并不必然对流域管理有效。因此，建立一套单独适用于墨累-达令流域的制度安排成为现实必要"[21]。

四、域外流域立法的发展变迁对长江保护立法的启示

作为一部"史无前例"的水事法律，《长江保护法》首先要明确其在法律体系中的定位，特别是立法的层级定位、内容定位和适用空间定位，方能理顺与其他法律法规之间的关系。域外流域立法发展变迁的普遍规律，丰富了我国流域立法的理论基础，更为明确《长江保护法》的定位提供了有益借鉴。

（一）立法层级：《长江保护法》是流域特别法，是水事立法的新类型

在我国水事立法体系中，存在"全国性水事立法—流域性水事立法—地方性水事立法"三个层面的水事立法。《长江保护法》是流域特别法，是水事立法的新类型。它以《中华人民共和国水法》《中华人民共和国水污染防治法》《中华人民共和国水土保持法》《中华人民共和国防洪法》等全国性水事立法为上位法，长江流域内各行政区域的地方性立法，是《长江保护法》的下位法，不能与之相冲突。

综观域外流域立法发展变迁的理论与实践，流域特别法为具体流域"自然地理—社会经济"复合生态系统的特殊性和复杂性流域问题提供法律供给，具有独立的意义。《长

江保护法》作为一部流域特别法，不是过渡性立法，未来不能被全国性水事立法和地方性水事立法所替代。首先，长江极其特殊，长江流域面临许多本流域的特殊性问题。长江拥有独一无二的生态系统，面临大量的流域特殊生态问题，如上游水能资源过度开发导致部分河道断流，中游江湖关系发生重大变化，河口地区咸潮入侵加剧等；长江经济带更是实施国家发展战略的流域经济区，实行"共抓大保护，不搞大开发"的特殊政治、经济和生态政策。虽然有的国家仅通过普遍性立法就可以规范流域问题，但这些国家一般幅员较小，流域间的差异性较小。美国、欧盟主要国家、澳大利亚等在制定普遍性流域立法的同时，均对本国具有特殊自然人文复合生态系统的大江大河制定流域特别法。中国幅员辽阔，流域空间的内部差异极大，即使未来普遍性流域立法得以完善，也需要流域特别法解决长江流域的特殊问题。其次，长江是我国流域功能最复杂的大江大河，长江经济带发展国家战略赋予了长江流域实施绿色发展的重任，又进一步放大了这种复杂性。长江流域涉及 19 个省（自治区、直辖市）和 12 个行业部门，上中下游情况各异，地方和部门利益关系错综复杂。作为流域特别法，《长江保护法》应着力解决涉及全流域的重大问题和长江的特殊问题，协调现有立法冲突、填补立法空白，国家和地方层面相关立法已解决的问题不必重复规定。

（二）立法内容：《长江保护法》是流域综合法，而非单项保护法

《长江保护法》在内容上存在综合性的保护、开发、利用法与单项保护法的不同选择。回顾域外流域立法的发展变迁，20 世纪 60 年代以后，伴随着法律上的流域空间概念逐步向综合性和整体性迈进，将流域保护、开发、利用等统一在一部法中是流域立法的趋势。

长江流域是世界水资源开发、调度频率和强度最高的流域之一，居民对生态资源的生存依赖度极高。"共抓大保护，不搞大开发"要求以生态保护引领长江流域经济转型与社会和谐发展，克服当前单项立法间的冲突重叠，为长江大保护提供流域高质量发展的绿色产业支撑。《长江保护法》应建立在广泛的公共利益的基础上[22]。域外流域立法从地方分散立法为主走向中央统一立法，从单项立法走向综合性立法的规律启示，《长江保护法》应定位于实行流域治理的综合法，面向"以水为核心要素的国土空间"，以流域生态系统的尺度，整合涉水单项立法，将"保障流域水安全、保障流域水资源公平配置、促进流域可持续发展"作为目标，以统筹长江流域保护、开发、利用的综合决策，提升法律制度的整体性、系统性、协调性。为此，《长江保护法》需确定不同类型的法律权利的优先顺序，建立权利冲突的基本规则和具体制度，为协调流域功能冲突与多元利益冲突，提供系统的制度性方案。

（三）适用空间：《长江保护法》仅适用于长江流域，能否复制于其他流域需深入研究

作为流域特别立法，《长江保护法》仅适用于长江流域。这种以国家法律的形式为特定的河流流域立法的立法模式，未来能否由长江推广复制到黄河、珠江等其他大河流域，在我国水事立法体系中增添《黄河保护法》《珠江保护法》等系列新的流域特别法律，需深入研究。

　　流域空间是自然人文复合生态系统，各大流域皆有突出的环境问题，但流域环境问题并不必然催生流域特别立法。域外流域立法经验表明，是否制定流域特别立法，受到政治制度、自然地理条件、经济社会发展、流域功能的复杂性，以及流域的特殊性等诸多因素的影响，尤其是大规模的流域经济开发利用活动往往伴随着流域特别立法。随着长江经济带建设上升为国家战略，长江流域成为我国重点开发开放的地区，实现绿色发展、高质量发展的先行先试区，与其他大河流域相比，长江流域空间在相当长的时期内具有自然人文复合条件的特殊性。为保证长江经济带高质量发展，必须通过专门立法，为长江流域的资源保护提供顶层设计与制度创新。目前，黄河、珠江等其他大河流域实施的流域发展战略各不相同，流域功能相对简单，是否复制《长江保护法》的立法模式要认真研究其相应的政治基础和社会经济条件。借鉴域外经验，未来完善我国水事立法需双管齐下。一方面以流域综合管理的理念，对涉水四法等全国性单项水事立法予以综合化改造，完善普遍性流域立法，通过流域规划、流域综合管理等制度来解决各大流域的共性问题。另一方面在其他大河流域的个性问题尚不足以催生流域特别法律时，以行政法规、地方立法来补充规范不同流域的个性问题；条件成熟时，适时制定流域特别法律以弥补普遍性流域立法的不足。

参 考 文 献

[1] [英]劳森, 拉登. 财产法[M]. 施天涛, 等, 译. 北京: 中国大百科全书出版社, 1988: 20-21.

[2] 邱秋. 中国自然资源国家所有权制度研究[M]. 北京: 科学出版社, 2010: 60-61.

[3] MCKAY J, MARSDEN S. Australia: The problem of sustainability in water[M]//DELLAPENNA J, GUPTAT J. The evolution of the law and politics of water. Berlin: Springer, 2009: 175-188.

[4] TECLAFF L A. Evolution of the river basin concept in national and international water law[J]. Natural resources journal, 1996(36): 359-375.

[5] WENGERT N. The politics of river basin development[J]. Law & contemporary problems, 1957(22): 258-265.

[6] ANDERSSON I. Implementing the European Water Framework Directive at local to regional level-case study Northern Baltic sea river basin district[D]. Stockholm: Institutionen för naturgeografi och kvartärgeologi, Stockholms Universitet, 2011: 31-37.

[7] MOSS T. Spatial fit, from panacea to practice implementing the EU Water Framework Directive[J]. Ecology and society, 2012, 17(3): 2.

[8] VAN RIJSWICK H F M W. Interaction between European and Dutch water law[M]. Washington DC: Resources for the Future Press, 2009: 204-224.

[9] GIMENEZ-SANCHEZ M. The implementation of the WFD in France and Spain: Building up the future of water in Europe[D]. Victoria BC: University of Victoria, 2010: 61.

[10] 内閣官房水循環政策本部事務局. 地域ブロック説明会資料: 水循環基本法水循環基本計画[R/OL].

[2019-08-30]. https://www. mhlw. go. jp/file/06-Seisakujouhou-10900000-enkoukyoku/0000133383. pdf.

[11] U. N. General Assembly. Report of the United Nations Conference on the Human Environment[R]. http://www. jstor. org/stable/20690897, 1972.

[12] VALLENTYNE J R, BEETON A M. The'Ecosystem'approach to managing human uses and abuses of natural resources in the Great Lakes basin[J]. Environmental conservation, 1988(15): 58-62.

[13] REYNOLDS P J. Ecosystem approaches to river basin planning[M/OL]//LUNDQVIST J, LOHM U, FALKENMARK M. Strategies for river basin management. Dordrecht: Springer, 1985: 41-48. [2019-08-30]. https://doi. org/10. 1007/978-94-009-5458-8.

[14] The International Conference on Water and the Environment. Dublin statement on water and sustainable development[EB/OL]. [2019-2-10]. http://un-documents. net/h2o-dub. htm.

[15] U. N. Conference on Environment and Development. Agenda Item 21[R]. New York: United Nations, 1992.

[16] U. N. Commission on Sustainable Development. Decisions, 2nd Sess. ,U. N. Doc. E/CN/17/1994/L. 5[R]. New York: United Nations, 1994.

[17] RADIF A A. Integrated water resources management(IWRM): An approach to face the challenges of the next Century and to avert future crises[J]. Desalination, 1999(124): 145-153.

[18] JAGER N W, CHALLIES E, KOCHSKAMPER E, et al., Transforming European water governance? participation and river basin management under the EU Water Framework Directive in 13 member states[J]. Water, 2016, 8(4): 156.

[19] DREVERMAN D. Responding to extreme drought in the Murray-Darling basin,Australia[M/OL]// SCHWABE K. Drought in arid and semi-arid regions. Dordrecht: Springer, 2013: 425-435. [2019-08-30]. https://doi. org/10. 1007/978-94-007-6636-5.

[20] MAGEED Y A. The integrated river basin development: The challenges to the Nile basin countries[M/OL]// LUNDQVIST J, LOHM U, FALKENMARK M. Strategies for river basin management. Dordrecht: Springer: 151-160. [2019-08-30]. https://doi. org/10. 1007/978-94-009-5458-8.

[21] BLOMQUIST W, HAISMAN B, DINAR A, et al. Australia: Murray-Darling basin[M]//KEMPER K, BLOMQUIST W, DINAR A. Integrated river basin management through decentralization. Berlin: Springer, 2007: 65-82.

[22] 王树义, 赵小姣. 长江流域生态环境协商共治模式初探[J]. 中国人口·资源与环境, 2019(4): 35.

水情教育调查

　　湖北省是水利大省，具有丰富的水情教育资源和得天独厚的水情教育优势。如何借助湖北省已有的水情教育资源，开展针对性强而又特色鲜明的水情教育，对于普及水知识、弘扬水文化、传承水文明，进而提高人民群众爱水、护水、节水的意识，实现人水和谐具有重大意义。

湖北水情教育效率提升路径探求*

——基于湖北大同水库水情教育基地的调查

熊　渤　王　腾

一、湖北省水情教育现状

　　水情教育是以水情为教育内容，以社会大众为教育对象，以知水、护水、节水为主要教育目标的宣传教育活动。一般而言，水情教育工作由政府部门推动，社会公众广泛参与开展。湖北省是水利大省，素有千湖之省的美誉，省内江河纵横，各类水利工程星罗棋布，如此水情决定了湖北省水情教育具有得天独厚的优势，具有众多可以用于宣传、提供教育的素材与范本。

　　从体制机制建设看，湖北省水利厅设立专门的水情教育中心管理、指导全省水情教育工作，重点是培育与推动具有湖北省典型地域特点与优良水情教育资源的水情教育基地建设。多年来，湖北省水利厅水情教育中心积极争取资金支持，建立专门的水情教育发展规划，广泛调动各方资源推动水情教育基地建设，目前，湖北省已建成省级水情教育基地9个，其中，长渠（白起渠）列入"世界灌溉工程遗产名录"，该基地还被教育部评定为"全国中小学生研学实践教育基地"，并最终获批"国家水情教育基地"。湖北省水利厅水情教育中心还建立了完善的日常指导和管理机制。湖北省水利厅每年为各省级水情教育基地投入经费5万元，积极争取水利部支持，定期与随机前往各基地检查，加强技术指导，帮助基地进一步完善设施建设，深入挖掘历史文化内涵，精心谋划组织水情教育活动，助推基地打造优质品牌，扩大水情教育基地影响力，力促国家水情教育基地创建。

　　总体而言，湖北省的水情教育工作近年来取得快速发展，水情教育基地建设成效较为显著。当然，取得以上成绩既得益于湖北省丰富的水资源环境与较为完善的体制机制，更为重要的是在水情教育基地建设过程中所体现出来的湖北省水情教育的独特优势。

---

　　*作者简介：熊渤，湖北省水利厅宣传中心主任；王腾，湖北经济学院法学院副教授，湖北水事研究中心常务副主任。本文为湖北省水利厅重点项目湖北省水利重点科研项目"提升湖北省水情教育资源教育效率路径研究"的阶段性成果。

二、湖北省水情教育的优势——以大同水库为例

当前，湖北省的水情教育工作主要围绕创建水情教育基地而展开，水情教育基地凝聚了湖北省水情教育资源的优势与特点，因此可以通过湖北省水情教育基地建设之一斑来窥湖北省水情教育工作之全豹。总体而言，湖北省水情教育基地建设大发展时期开始于 2015 年，截至 2018 年，湖北省重点建设了三家水情教育基地，其中除国家级水情教育基地——长渠（白起渠）外，另外两家基地为武汉市第二十三初级中学、湖北省水利水电职业技术学院。2019 年，湖北省水情教育基地建设进入快车道，根据该年新公布的第四批水情教育基地名单，湖北省一次性新设立了六家省级水情教育基地，分别是黄冈市武穴市梅川水库、武汉节水科技馆、武汉市蔡甸区西湖流域水土保持科技示范园、黄冈市蕲春县大同水库、十堰市竹山县霍河水土保持科技示范园、十堰市郧西县天河水乡。这些基地中既有公益性学校教育机构与科技展馆，又有一定科技含量的水土保持示范园区，还有文化底蕴深厚、历史悠久的大型水库，这体现出湖北省水情教育资源的多元性与丰富性。在这些基地中，最能体现湖北省水情教育资源特色的应该是融技术、人文与自然景观于一体的各类水库。下面，我们以大同水库为例，以小见大，为深入分析湖北省水情教育基地的特色与优势奠定基础。

蕲春县大同水库水情教育基地，位于鄂皖两省交界处的湖北省蕲春县大同镇境内，是依托中国第一、世界第二，唯一仅存的大坝木板核心墙的蕲春大同水库[大（二）型水库]建成，它是集国家水利风景区、水情教育和党性教育于一体的综合性基地，水情教育基地于 2016 年开始建设，2017 年 7 月场馆部分建成并投入使用，户外体验项目已基本完成，现已逐步对外开放。经过多年建设，该基地已经成为湖北省颇具代表性的工程设施类水情教育基地，在鄂东南地区具有广泛影响力。从建设经验而言，该基地具有四大代表性优势。

（一）教育资源的稀缺性

大同水库是大型水利工程设施，具有大坝木板核心墙核心技术，采取此类技术进行水库建设在当今水利工程设施中是少有的。另外，大同水库生态状况良好，环境风景优美，是非常理想的开展水生态保护相关研究与教育的天然场所，在当前全国上下大力推动生态文明建设的关键阶段，大同水库这种"技术+生态"的水情资源在一定程度上展现了湖北省水库水情教育资源的"稀缺性"，而这种优势所带来的独特价值必然为大同水库水情教育基地的可持续发展奠定坚实的基础。

（二）教育设施的丰富性

大同水库水情教育基地既有以"国家水利风景区"为班底的教育行政办公大楼与人员，也有专门的水情教育展馆，还有水库中分布的各类水利设施，相关工程建筑均可作为水情教育的基本设施，这些设施品类齐全，在水情教育过程中既可用于开展规模化的

团队教育(如水情教育展馆就可以开展水利系统成建制的党员教育任务)，又可开展独特的针对某一特定内容的专门教育(比如在库区水利设施进行具体技术讲解)，以上丰富的教育设施是提升水情教育质量的有力工具。

（三）教育内容复合性

大同水库的水情教育内容既有以木板核心墙为代表的水利工程"技术型"教育，还有库区地方的红色教育。1958 年 3 月，大同人秉持"大同世界"的理想，弘扬了"万众一心，紧跟党走，朴诚勇毅，不胜不休"的老区精神和时代情怀，腾出良田 1.5 万亩（1 亩≈666.7 m^2），移民 2 140 人，4.8 万人齐上阵动工兴建水库，到 1960 年水库修建完工。修库过程的各类故事正是鲜活的党性教育题材与水情教育内容。将技术与党性教育及历史人文结合，实现了复合性的水情教育理念，这种教育理念因其建立在将相对枯燥的"水情"融合于更加生动的水利"故事"之中，能够增强水情教育内容的趣味性，并极大地激发教育对象的学习参与热情，从而有效提升学员学习效果。

（四）教育手段的多样性

大同水库将水情教育与党性教育融为一体，采取场馆展示、视频宣传、互动体验等方式，免费向社会各界人士宣传与推介水文化、水科技，树立保护水环境、节约水资源意识，通过每年"五四青年节""六一儿童节""七一建党节"等重点节日组织青少年、党员干部参观学习，使广大干部群众在领略大同水库国家水利风景区美不胜收的湖光山色的同时，水情教育理念也植入人心。教育手段是有效实现教育目标的重要因素，有了好的内容载体，手段就是关键，大同水库水情教育实践充分说明，多样灵活的教学手段对于提升水情教育质量的核心目标具有非凡的意义。

以大同水库为例分析了湖北省水情教育基地的基本优势，实际上，从联系的角度而言，以上优势在很大程度上是相互关联甚至是彼此融合的，比如大同水库水情教育基地能够实现采取多样性的教育手段依托于水情教育设施本身的丰富性，而正是水库教育资源的复合性，才更进一步造就了教育资源的稀缺性。因此，从总体而言，湖北水情教育资源各种优势特点是互为支撑、相辅相成的。当然，存在优势不意味着没有问题，应该说，从目前情况看，与湖北省水资源大省的地位相比，水情教育发挥的影响力还十分有限，水情教育工作在整个基层水利工作中的地位并不高，湖北省水情教育工作还存在一些亟待解决的问题需要我们去正确认识与认真对待。

三、湖北省水情教育存在的问题

在看到优势的同时，我们必须看到湖北省水情教育工作尚存在一些问题，比如基层群众对湖北省水情的知晓度不高，水情教育的影响力不大，水情教育资源存在一定程度的闲置浪费情况，综合而言，出现这些问题的主要原因可归结为教育效率较低。在社会学领域，对教育效率的研究主要从对教育的社会功能实现评价层面展开，比如有学者认为，重视教育的社会功能，就应该把教育培养目标与教育过程和教育结果的评判联系起来。"教育应该培养出什么样的人"及"教育培养出来的人是否达到了预期目标"应该成为衡量教育效率的一个重要指标。在社会学意义上，教育效率不是一个中性的概念，并不只是一定数量的象征，更有明显的价值判定色彩，与教育目的、教育功能等直接相关。教育结果与教育目的越契合，教育功能发挥越大，教育效率也越高。[1]

根据以上分析，水情教育效率与教育结果与教育目的的契合度成正比，而影响这一契合度的关键指标，应为教育的"信度"与"效度"。"信度"主要关注于教育对象的公平性问题，因为如果缺乏公平，教育结果就会严重偏离教育目的，甚至出现南辕北辙的情况，教育结果评价也将不可信。而"效度"主要关注教育的投入产出问题，"低效"的教育将会带来巨大的负担，从而妨碍教育功能的发挥，延缓甚至阻滞教育目的的实现。结合大同水库水情教育实际情况，我们认为湖北省水情教育存在四个方面的效率性问题。

（一）教育资源惠及面较窄

大同水库水情教育基地按照"对内普及教育、对外公众参与、与党性教育结合、多种媒体传播"的思路，将水情教育与红色党性教育紧密结合，以水利工程设施为依托，积极开展水法宣传、水生态知识学习、水文化传播；同时，也不断探索水情教育新手段、新办法，提高水情教育综合能力，开展水情教育进学校、进社区、进库区、进灌区等活动，广泛运用报刊、电视、网络，扩大基地教育活动的辐射面，扩大受众对象范围。据统计，基地 2018 年水情教育活动受众达 13 万人（表 1）。虽然大同水库水情教育基地的受众规模较大，但从具体的数据来看，该基地水情教育存在"两大两小"的不均衡性问题，即群众自发参观游览这类非组织性旅游活动占比较大，而成建制、有组织的教育活动受众占比偏小，县级以下受众规模占比较大，而面向湖北省甚至更大区域的受众占比较小。前者主要存在的问题是纯粹的参观游览活动因受众主要集中于对水库本身有所了解游客，主要来自水库周边区域，这些游客往往已经具备一定的水情知识，同时，因缺乏必要的组织性，游客在水库活动主要是以随意游览为主，通过游览实现的水情教育效果难以保障。后者的主要问题是教育受众主要局限在大同水库所在的蕲春县内，而从数据来看，除"群众自发参观游览"外，有组织、成建制的县外教育受众群体仅限于"省市单位"，而且受众人数仅占全年规模（全年参加活动人数减去群众自发参观游览人数）的 0.7%。换言之，大同水库水情教育基地作为省级水情教育基地的教育受众对象主要集中于县内，教育资源惠及面较窄，教育的公平性略显不足，其在一定程度上影响了水情教育的信度。

表 1   大同水库水情教育基地 2018 年度水情教育活动受众人数统计表

受众对象	开展活动次数	参加活动人数	备注
湖北省市单位	17	535	
蕲春县直各单位	52	4 167	
蕲春县内各乡镇厂园区	15	5 136	
蕲春县内各学校	29	11 807	
蕲春县内各村	278	8 394	
到各乡镇节会开展活动	16	46 000	
群众自发参观游览		54 000	按水利风景区每日 4 500 人计算
合计	407	130 039	

数据来源：《大同水库国家级水情教育基地申报材料》。

（二）教育资源开发度较低

教育资源是水情教育的基本素材与各类条件，是达成教育目标可资利用且必需的各类资源。当前，以大同水库为例，其主要存在两个方面的资源开发不足的问题。其一，在教育素材资源层面，特色教育开发不足。大同水库所在的蕲春县位于长江中游，境内水网密布、水患频发，蕲河作为蕲春县境内最大河流，发源檀林镇泗流山，流经大同镇，千百年来，蕲河洪水肆虐，百姓深受其害。1949 年初，百废待兴，党和政府十分重视水利建设，在国家财力非常困难的情况下，还是投入了大量的人力、物力和财力，克服重重困难，于 1958 年动工兴建大同水库，1962 年 2 月基本建成。大同水库工程由水库枢纽和灌渠两部分组成，是一座以防洪、灌溉为主，兼顾发电、养殖，航运、旅游、"安饮"供水等综合利用的多年调节大（二）型水库。在此背景下，大同水库水利工程的主要功能是防洪、灌溉，而目前基地将主要教育内容放在红色教育与木板核心墙技术上，对水库的防洪、灌溉这两项核心功能却在水情教育总体内容设计中分量较低，从而造成水利工程特色教育的开发不够。其二，在教育人才资源方面，资料显示，基地已拥有水情教育专职人员 153 人，兼职人员 118 人，学生志愿者 556 人。人员来自水利部门干部职工、退休人员、社会公益人士及蕲春县 18 所中小学校等。这充分说明大同水库在水情教育人才资源整合方面取得一定成效，但总体而言，基地对人才资源的挖掘依然不够。首先，在水情教育专职人员中，专职的水情教育讲解员只有 2 名，换言之，大多专职人员可能无法开展系统的教育培训，而更多的人员在从事一些行政工作。其次，水情教育专家资源不足，目前，大同水库绝大部分水情教育参与人员主要集中于蕲春县内的干部群众，而水情教育专业人员参与不足。教育资源开发度较低，可能会带来教育实施过程与教育目标偏离的问题，从而直接影响水情教育的信度。

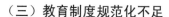

（三）教育制度规范化不足

只有建立完善的制度规范系统，水情教育质量才能得到基本保障，水情教育基地才可持续发展。当前，湖北省水情教育基地在建设发展过程中制度短板仍然客观存在，以大同水库为例，黄冈市确定了由蕲春县大同水库管理局全面负责基地的建设与运营工作，成立了由局主要领导任组长的蕲春县大同水库水情教育基地工作领导小组，构建了由水情教育工作队伍、水情教育宣传队伍、水情教育志愿队伍等自上而下又自下而上的水情教育网络。同时，大同水库先后制定和完善了《财务管理制度》《档案管理制度》《讲解员工作职责》《观众游览须知》等 12 项管理制度和规定。这些制度规定基本涵盖了水库日常运行的方方面面。但是，从这些文件内容看，存在三个方面的问题：一是制度发布不规范。其中仅《蕲春县大同水库管理局关于成立大同水库水情教育工作领导小组的通知》（蕲大水发〔2018〕12 号）是以大同水库管理局红头文件形式发布的一项规范性制度，其他涉及财务、人员、游客参观、档案管理等相关制度均是直接在纸质文档上加盖公章形式呈现，这种制度发布形式规范性不足，权威性不够，势必会严重影响制度实施效果。二是制度内容较简陋。一般而言，一项正式的制度一般须具备"原则、主体、权力、对象、责任"等关键要素，缺乏其中任何一项，都会造成制度效率大打折扣，甚至最终成为束之高阁的无效制度。而大同水库发布的各项水情教育制度中，一些文件制度内容过于简短，如档案管理、讲解员职责相关制度只有两条内容，且制度的规范性不足，规范内容没有执行主体与责任条款。三是制度体系不健全。纵观大同水库水情教育相关制度规定，绝大部分制度都可认为是围绕着水情教育的"配套性"制度，而真正涉及水情教育管理、教育内容、教育手段、教育运行保障等核心规范却付之阙如，这一规范体系建设的漏洞导致水情教育制度链条的断裂，极大影响教育运行的效度。

（四）教学方法灵活度不够

教学方法是指教学的活动细节及教学过程中具体的活动状态。如讲授法中的讲述、讲解、讲演，练习法中的示范、模仿等。水情教育基地作为鲜活的教学活动场所，教育工作者完全可以因地制宜地采取丰富多元的教学设计去实现教学过程。但是，从大同水库水情教育基地的教育实践情况看，该基地教育在实施过程中存在方法单一的情况。具体来说，大同水库水情教育基地是湖北省少有的建设有较大规模教育场馆的基地，但是，该场馆主要用于外来人员的参观，在参观过程中又缺乏专门的教育引导者，参访过程互动性不足，大部分参观者进入展厅只是走马观花，并未深入了解大同水库的悠久历史与基本水情。在教学内容设计上，基地并没有系统的课程设计与教育流程，每一个教育环节也缺乏相应的教学人员与责任人员，这就会导致整个教育过程漫无目的、散漫无序，在参访结束后也缺乏必要的教学反馈与评估机制，从而无法形成对教育过程的深入反思与有效激励。在教学手段的运用上，教学过程主要通过展板、宣传栏或者宣传册发放等形式展开，缺乏动态的声、光、电形象化展示工具与设备，容易让参访者在学习过程中缺乏兴趣，从而影响其学习效果。此外，在教学过程中，也缺乏系统性的教学大纲与教学素材，教学设计具有临时性与随意性，教学过程流程化，教学手段运用不够灵活，从而导致整个水情教育过程效率与效度不高。

四、提升湖北省水情教育效率的路径

（一）拓展教育对象规模与范围

针对水情教育存在"两大两小"的不均衡性问题，我们建议从两条路径寻找解决方案。一是要进一步增加成建制、有组织性的参访学习在水情教育基地受访者群体中的比重。如此一方面可以增加教育的目的性，能够将活动更多聚焦于水情的"教与学"上，增加教学过程与教学目标的契合度，发挥水情教育的规模效应；另一方面可以促使基地能在单位时间承接更多的受访者，以拓展教育基地优质教育资源的惠及面，能够让更广泛的群体享受到水情教育服务，提升群众水情知识获得感。二是要广泛开展对外联系，扩大基地在湖北省乃至全国的影响力，让水情教育资源能够"走出小县城，进入大城市"，甚至能够吸引其他省份的群众进行参观学习。拓展教育受众范围能够极大提升水情教育的公平性，实现水情教育信度的有效提升。

（二）开发水情教育内容与人才资源

教学资源的不足容易引起教学过程与目标的脱节，因此，只有不断开发水情教育各类资源，才能确保水情教育处于较高的信度水平上。首先，在水情教育内容方面，应围绕自身特色在"向深处拓展"上做文章。每一个教育基地必须聚焦建设一到两个最具特色的教育项目，项目内容应该能够体现基地自然生态与建筑设施的主要功能与特色，在具体的教学建设过程中也应当着力围绕自身的主要特色开展师资配备、课程设计、方法创新及教学评价，只有凸显特色，才能擦亮基地品牌，从而赢得核心竞争力与社会影响力。其次，在水情教育人才层面，应采取"不拘一格"的基本方针，既要建立自身更大规模的规范化水情教育工作者队伍，并在业务培训、进修学习和职务晋升等方面给予一线教育工作者更多政策支持，又要广泛吸纳热心水情教育的社会公众及专业人士，对于积极参与者，应给予一定经济与精神激励，构建水情教育人才建设的可持续发展机制。

（三）健全水情教育教学制度体系

完善的制度体系是确保水情教育过程有序高效运转的必备保障。首先，要提升制度权威性。我们建议在省级层面制订《省级水情教育基地建设与运行规范》，该规范作为统领全省水情教育基地建设与教学运行的制度性文件，各水情教育基地应根据省级制度建立本单位的水情教育制度体系，所有水情教育制度规定应以基地法人正式红头文件下发，具有与单位内部其他制度同等效力，并作为刚性制度规范要求全体职员遵守。其次，要完善制度内容，做到制度不留死角，形成规范闭环。当前，需要着重加强两个方面的制度建设，一是教学运行制度，具体制度内容应按照水情教育的基本规律，结合本单位的特色与目标，从教学准备、教学要求、教学目标、教学考核及教学评估等方面进行系统设计；二是教学责任制度，为了提升教育者与受教育者教学环节的配合度，实现对教学人员的有效激励，有必要加强对教学过程的管理与对失职行为的责任追究，以弥补水情教育制度建设的主要短板。

（四）加强水情教育手段方法创新

教学方式方法创新是促进水情教育效率最直接的手段，这种有效性主要体现在增强教学趣味性与提高水情教育产出投入比两个方面。首先，充分利用独立室内场馆，增加电子设备及互动性设施配置，并根据教育规律，按照认知、理解与反思的逻辑顺序设计教学过程，并进行教学素材的布置，增强教学内容对受众的吸引力，在室外自然生态区域，可通过设立"临水课堂"，开展"水上实验"，进行水利工程运行机理的实务讲解，充分利用基地自身的生态资源与现有设施为教学增添天然素材；其次，应从提高水情教育基地利用效率的角度，创新面对大规模、成建制受众群体的水情教学方法。比如，可考虑与各层次学校展开合作，与有经验的教师联合建立教学制度、联合进行教学方案设计，以及共同完成授课，如此既可减轻水情教育基地工作人员负担，也可因学校教育本身的规范性要求从而保证水情教育的质量与效率。

参 考 文 献

[1] 许丽英, 袁桂林. 教育效率的社会学分析[J]. 中国教育学刊, 2006(5): 1-4.

附　录

2018～2019 年湖北省
水资源可持续利用大事记

湖北省人民政府推进建立健全生态保护补偿机制[*]

　　为贯彻落实《国务院办公厅关于健全生态保护补偿机制的意见》（国办发〔2016〕31 号）和《中共湖北省委湖北省人民政府关于加快生态文明体制改革的实施意见》（鄂发〔2016〕25 号）精神，建立健全湖北省生态保护补偿机制，加快推进生态文明建设，2018 年 3 月 6 日，湖北省人民政府办公厅颁布《省人民政府办公厅关于建立健全生态保护补偿机制的实施意见》（以下简称《意见》）。《意见》提出，到 2020 年，实现湖北省森林、水流、湿地、耕地、大气、荒漠等重点领域和禁止开发区域、重点生态功能区等重要生态区域的生态保护补偿机制与政策全覆盖，跨地区、跨流域补偿试点示范取得明显进展；基本建立与湖北省经济社会发展状况相适应的生态保护补偿制度体系，生态保护者与受益者良性互动的多元化补偿机制不断完善，促进形成绿色生产方式和生活方式。《意见》还就生态补偿机制、补偿方式及具体的补偿范围做了具体规定。

---

[*]引自：湖北省人民政府办公厅，http://www.hubei.gov.cn/govfile/ezbf/201803/t20180306_1259441_mob.shtml
（2018-03-06）[2019-10-16]。

习近平在武汉主持召开深入推动长江经济带发展座谈会并发表重要讲话[*]

2018 年 4 月 26 日，中共中央总书记、国家主席、中央军委主席习近平在武汉主持召开深入推动长江经济带发展座谈会并发表重要讲话。他强调，推动长江经济带发展是党中央作出的重大决策，是关系国家发展全局的重大战略。新形势下推动长江经济带发展，关键是要正确把握整体推进和重点突破、生态环境保护和经济发展、总体谋划和久久为功、破除旧动能和培育新动能、自我发展和协同发展的关系，坚持新发展理念，坚持稳中求进工作总基调，坚持共抓大保护、不搞大开发，加强改革创新、战略统筹、规划引导，以长江经济带发展推动经济高质量发展。

---

*引自：新华社，http://www.gov.cn/xinwen/2018-04/26/content_5286185.htm#1（2018-04-26）[2019-10-16]。

湖北省人民政府推进湖北长江大保护十大标志性战役[*]

2018 年 6 月，湖北省人民政府公布湖北长江大保护十大标志性战役的工作方案，涉及沿江化工企业关改搬转、城市黑臭水体整治等方面。

湖北长江大保护十大标志性战役包括：沿江化工企业专项整治、城市黑臭水体整治、农业面源污染整治、非法码头整治、非法采砂整治、饮用水源地保护、沿江企业污水减排、磷石膏污染整治、固体废物排查、城乡垃圾治理。

方案提出，要大力开展沿江化工企业污染专项整治。凡不符合规划区划或安全环保条件、存在环境污染风险的现有化工企业，一律实施关停或迁入合规园区、改造升级。2020 年 12 月 31 日前，完成沿江 1 km 范围内化工企业关改搬转（含关闭、改造、搬迁或转产），2025 年 12 月 31 日前，完成沿江 1～15 km 范围内的化工企业关改搬转。

在饮用水水源地保护方面，方案要求，2018 年底之前，全面清理整治完成县级及以上城市集中式饮用水水源地存在的环境问题，消除环境风险隐患。对清理整改工作滞后的，要进行约谈并通报相关情况，对 2018 年底前仍未按要求落实整改任务的，要向省纪委省监委移送环境问题线索，依法追究相关人员的责任。

---

[*] 引自：湖北省人民政府，http://www.hubei.gov.cn/zwgk/hbyw/hbywqb/201809/t20180912_1340364.shtml，（2018-09-12）[2019-10-16]。

湖北省人民政府发布

《湖北省湖泊保护与管理白皮书（2017 年度）》 *

2018 年 6 月，湖北省人民政府发布《湖北省湖泊保护与管理白皮书（2017 年度）》。白皮书内容主要以湖泊"五保"目标为框架，以各涉湖市政府和相关单位提供数据为支撑，全面梳理了湖北省 2017 年湖泊保护与管理工作的最新进展和成效。

白皮书显示，2017 年，湖北省认真贯彻落实习近平总书记关于生态文明建设系列重要讲话精神，全面落实湖长责任，列入湖泊保护名录的 755 个湖泊形态保护完好，水质保持稳定，生态保护稳步推进，功能保护不断加强，主体责任全面落实，有效促进了湖北省湖泊资源的可持续利用。

为加强湖泊保护与管理工作，湖北省已连续五年发布白皮书。白皮书数据客观，结论分析透彻，编排科学严谨，不仅为各涉湖市政府在湖泊保护和管理工作中提供了参考和帮助，也为全社会了解湖北省湖泊保护工作提供了翔实的信息资源。

---

　　* 引自：湖北省人民政府，http://www.hubei.gov.cn/zwgk/hbyw/hbywqb/201806/t20180611_1297237.shtml，（2018-06-11）[2019-10-16]。

湖北省人民政府决定实施湖北长江经济带绿色发展十大战略性举措[*]

为深入学习贯彻习近平总书记视察湖北重要讲话精神，认真落实湖北省委十一届三次全会和《中共湖北省委关于学习贯彻习近平总书记视察湖北重要讲话精神奋力谱写新时代湖北高质量发展新篇章的决定》（鄂发〔2018〕11号）、《省人民政府关于印发贯彻落实习近平总书记视察湖北重要讲话精神和省委〈决定〉重点工作清单的通知》（鄂政发〔2018〕21号）精神，正确把握"五个关系"，扎实做好生态修复、环境保护和绿色发展"三篇文章"，2018年7月，湖北省人民政府印发《湖北长江经济带绿色发展十大战略性举措分工方案》，推进实施湖北长江经济带绿色发展十大战略性举措。

十大战略性举措分别为：加快发展绿色产业、构建综合立体绿色交通走廊、推进绿色宜居城镇建设、实施循环发展引领行动、开展绿色发展示范、探索"两山"理念实现路径、建设长江国际黄金旅游带核心区、大力发展绿色金融、支持绿色交易平台发展、倡导绿色生活方式和消费模式。

通过实施十大战略性举措，推进湖北省生产方式绿色转型、生活方式绿色革命，走生态优先、绿色发展新路，不断提升经济发展的"含绿量"。按照"清单化管理、项目化实施、精准化落地"的要求，该方案明确了58个重大事项，91个重大项目，总投资1.3万亿元。

---

[*] 引自：新华网，http://www.xinhuanet.com/2018-08/09/c_1123247785.htm，（2018-08-09）[2019-10-16]。

《湖北省河道采砂管理条例》颁布实施[*]

2018 年 9 月 30 日，湖北省第十三届人民代表大会常务委员会第五次会议通过了《湖北省河道采砂管理条例》（以下简称《条例》），《条例》自 2018 年 12 月 1 日起施行。《条例》明确河道采砂管理应当遵循生态优先、科学规划、严格控制、规范开采、依法监管的原则；大幅度提升违法犯罪成本，严格规范河道采砂。对于未经许可擅自在河道采砂的，设定了 3 万元以上 30 万元以下的罚款。并明确河道采砂许可通过招标、拍卖、挂牌等公平竞争的方式实施。《条例》还规定，建立天然林资源分布地理信息系统，组织对天然林保护规划和实施方案进行评估，对未落实应保尽保责任的，应当追责；建立跨省联防联护的协作机制，建立天然林保护的监督检查制度。《条例》的颁布实施，为加强湖北省生态环境保护，助推湖北省高质量发展提供了有力保障。

---

* 引自：湖北省人大常委会，http://www.hppc.gov.cn/2018/1008/28301.html，（2018-09-30）[2019-10-16]。

湖北省印发实施《湖北省全面推行河湖长制实施方案（2018—2020年）》*

2018年11月30日《湖北省全面推行河湖长制实施方案（2018—2020年）》（以下简称《三年实施方案》）正式印发。该方案是对2017年1月21日湖北省委办公厅、省政府办公厅印发的《关于全面推行河湖长制的实施意见》的任务再细化、措施再实化，以及部分基层典型经验的总结推广，标志着湖北省河湖长制工作已加快从"全面建成"向"提档升级"转变，从"有名"向"有实"转变，从"见河长、见行动"向"见行动、见成效"转变。

《三年实施方案》以习近平新时代中国特色社会主义思想为指导，把修复长江生态环境摆在压倒性位置，深入贯彻落实党中央、国务院和省委、省政府关于加快生态文明建设与全面推行河长制、湖长制的决策部署，细化明确了湖北省2018～2020年河湖长制工作的目标、任务、措施、责任分工和完成时限，为全省河湖长制工作提档升级描绘了"施工图"，为维护河湖生命健康、实现河湖功能永续利用，确保一江清水东流、一库净水北送，让"千湖之省"碧水长流提供了有力制度保障，对于打赢碧水保卫战、助推长江大保护、建设美丽湖北具有重要意义。

---

*引自：湖北省人民政府，http://www.hubei.gov.cn/zwgk/bmdt/201812/t20181218_1374853.shtml，（2018-12-12）[2019-10-16]。

湖北省开展碧水保卫战"示范建设行动"*

为认真贯彻落实习近平生态文明思想，推进长江大保护向纵深发展，加快河湖长制提档升级步伐，更好地满足人民群众日益增长的优美河湖生态环境需要，湖北省发布第3号湖北省河湖长令（以下简称湖长令），从2019年4月11日起至2019年底，在全省开展碧水保卫战"示范建设行动"，坚持典型引路、示范带动，打造新亮点，培育新动能。

湖长令要求，按照每个市、州、县至少创建一条（个）"示范河湖"要求，自主选择流域相对完整、治理管护问题突出、社会关注度高的河湖，开展示范创建活动；以县（市、区）、县级以上河湖长履职联系部门为单位，深入开展"示范单位"创建活动，分级培育落实河湖长制工作"标杆"；大力开展忠实践行生态文明观、积极投身"碧水保卫战"的履职典范和爱护河湖社会志愿者的挖掘、宣传活动，树立一批"官方河湖长""企业河湖长""民间河湖长"，河湖保洁、河湖志愿服务先进个人，通过典型引路，影响、带动、激发社会群众共同治水管水、爱河护湖的积极性、主动性和创造性。

---

* 引自：长江云，http://news.hbtv.com.cn/p/1692614.html，（2019-04-15）[2019-10-16]。

湖北省颁布《湖北省清江流域水生态环境保护条例》*

　　清江全长 423 km，是长江在湖北省境内的第二大支流，流域拥有丰富的自然资源和高品质的水环境质量，素有"八百里清江画廊"之美誉。为了保护清江流域水环境和水生态，针对流域农业面源污染突出、塑料制品"白色污染"严重、畜禽养殖污染防治难、小水电造成的水生态系统碎片化等问题，2019 年 9 月 26 日上午，湖北省第十三届人民代表大会常务委员会第十一次会议全票通过《湖北省清江流域水生态环境保护条例》（以下简称《条例》）。《条例》共 7 章 63 条，就清江流域水生态环境标准与规划、水污染防治、生态保护与修复、保障与监督管理等作出严格规定，于 2020 年 1 月 1 日起正式施行。

　　《条例》规定多项严格措施，如：制定清江流域发展负面清单；禁止在流域内销售和使用剧毒、高毒、高残留农药及其混剂；有序禁止、限制部分塑料制品的生产、销售和使用，推广可循环、易回收、可降解替代产品；禁止生产、销售和使用含磷洗涤用品；科学划定畜禽养殖禁养区、限养区，实施分类管理等。《条例》还对清江流域渔业资源增殖放流、建设洄游通道等作出规定，禁止使用外来物种、杂交物种、转基因物种或者非本地原有物种进行增殖放流；禁止新建装机 5 万 kW 以下的小水电站，严格限制新建拦水坝；流域内现有的水电站应配套建设生态流量泄放设施，保证最小下泄生态流量不低于本河段多年平均径流量的 10%，未建成、未验收或经验收不合格即投入生产的，最高可罚款 200 万元；在清江流域新建装机 5 万 kW 以下小水电站的，逾期不拆除的，依法强制拆除，所需费用由违法者承担，并处 1 万元以上 10 万元以下罚款。《条例》规定，湖北省人民政府应当建立健全清江流域生态补偿机制，制定清江流域生态保护补偿办法，实施清江流域生态保护修复奖励政策，加大清江流域生态补偿资金投入；省人民政府及其有关主管部门应当引导受益地区与生态保护地区、流域上游与下游之间实施横向生态补偿；省和清江流域县级以上人民政府应当加大扶持力度，做好产业转型、就业帮扶、技能培训、社会保障、移民后扶等工作，保障和改善清江沿岸村（居）民的生产生活。

---

* 引自：湖北省人大常委会，http://www.hppc.gov.cn/2019/0927/30982.html，（2019-09-27）[2019-10-16]。

湖北省制定《汉江生态经济带发展规划
湖北省实施方案（2019—2021 年）》*

2019 年 9 月 30 日，湖北省发展和改革委员会下发《关于印发汉江生态经济带发展规划湖北省实施方案（2019—2021 年）的通知》，目的是贯彻实施《汉江生态经济发展规划》，推进湖北汉江生态经济带高质量发展。

《方案》要求，实施《湖北省长江入河排污口排查整治专项行动工作方案》，提升汉江生态环境监测能力，建设船运液化危险品运输全过程监测平台、汉江入河排污口监测平台、水资源环境监测平台；实行环境监测信息网上公开，加强省、市跨界断面水质考核管理，提高汉江水功能达标率。实施《湖北省沿江化工企业关改搬转工作方案》《湖北省尾矿库综合治理工作方案》，2020 年前依法完成沿江 1 km 范围内化工企业关改搬转。实施《湖北省打赢蓝天保卫战行动计划（2018—2020 年）》，推进区域大气污染联防联控；加快火电燃煤机组超低排放改造；推动重点行业实施挥发性有机物综合整治工程。加快清洁能源开发利用，推进西气东输三线（中段）、新疆煤制气外输管道、荆门—襄阳—十堰成品油管道、潜江地下盐穴储气库等项目建设。

《方案》同时强调：要建立负面清单管理制度，编制实施重点生态功能区产业准入负面清单；合作开展环境保护督察；建立环境保护"黑名单"制度，实行环境保护守信激励、失信惩戒机制；建立统一的实时在线环境监控系统，健全环境信息公布制度；建立资源环境承载能力监测预警机制；湖北省推动长江经济带发展领导小组要建立评估总结机制，对方案实施进行跟踪分析和督促检查，推动任务落实。

---

* 引自：湖北省发展和改革委员会，http://www.hubei.gov.cn/xxgk/zfxxgkml/bmwj/201909/t20190930_1414386.shtml，（2019-08-27）[2019-10-16]。

湖北省水利厅、省发改委联合印发
《湖北省节水行动实施方案》[*]

为了贯彻落实国家发展和改革委员会和水利部联合印发的《国家节水行动方案》，经湖北省人民政府同意，湖北省水利厅、湖北省发改委于 2019 年 10 月联合印发了《湖北省节水行动实施方案》，该方案结合湖北省实际，共制定提出了"总量强度双控""农业节水增效""工业节水减排""城镇节水降损""科技创新引领"五大重点行动，确定了 22 项具体任务，并给出了 2020 年、2022 年、2035 年近远期目标。强调机制体制改革，突出政策制度推动和市场机制创新两手发力，深化水价、水权水市场改革，推进水资源税改革，结合节水标准体系建设、用水计量及统计监管，激发内生动力；推行水效标识、节水认证和水效领跑工作，推动合同节水管理，提升节水意识，力求取得实效。同时，该方案按照节水工作职能职责，也将各项目标任务的部门分工一并予以明确。

———————————

[*]引自：湖北省水利厅、省发改委，http://www.mwr.gov.cn/xw/dfss/201910/t20191012_1365120.html，（2019-10-12）[2020-03-25]。

《湖北省人民代表大会常务委员会
关于集中修改、废止部分省本级地方性法规的决定》
中有关涉水方面的内容*

2019 年 11 月 29 日,湖北省第十三届人民代表大会常务委员会第十二次会议通过了《湖北省人民代表大会常务委员会关于集中修改、废止部分省本级地方性法规的决定》,其中在涉水方面的法规有三部,主要修改内容如下。

一、对《湖北省实施〈中华人民共和国水法〉办法》作出修改

(一)将第十二条第二款、第十三条第二款中的"国土资源主管部门"修改为"自然资源主管部门"。

(二)将第十五条第一款修改为:"本省境内长江干流、汉江干流及其重要支流和重要湖泊、水库等的水功能区划,由省人民政府生态环境主管部门会同省水行政主管部门和有关部门拟定,报省人民政府批准,并向社会公告,同时报国务院生态环境主管部门和水行政主管部门备案。"

第二款修改为:"其他江河、湖泊、水库的水功能区划,由县级以上人民政府生态环境主管部门会同同级水行政主管部门和有关部门拟定,报同级人民政府批准,并向社会公告,同时报上一级生态环境主管部门和水行政主管部门备案。"

(三)将第十六条第三款中的"水、环境保护、国土资源、农业、卫生、建设等"修改为"水行政、生态环境、自然资源、农业农村、卫生健康、建设等"。

(四)将第十八条第二款修改为:"禁止在饮用水水源保护区内设置排污口。禁止在饮用水水源一级保护区内从事网箱养殖、旅游、游泳、垂钓或者其他可能污染饮用水水体的活动,禁止新建、改建、扩建与供水设施和保护水源无关的建设项目;已建成的,由县级以上人民政府责令拆除或者关闭。"

(五)将第十九条第一款修改为:"在饮用水水源保护区以外的其他水域确需新建、

---

*引自:湖北省人大常委会,http://www.hppc.gov.cn/2020/0106/31718.html,(2020-01-06)[2020-03-25]。

改建或者扩大排污口的，须经有管辖权的生态环境主管部门审查同意，并由生态环境主管部门对该建设项目的环境影响评价文件进行审批。"

（六）删去第二十一条第二款、第三款。

（七）删去第四十一条。

（八）将第四十二条改为第四十一条，修改为："违反本办法第二十四条第三款规定的，由县级以上人民政府水行政主管部门责令停止违法行为，限期拆除，可处 1 万元以上 5 万元以下罚款。"

二、对《湖北省实施〈中华人民共和国防洪法〉办法》作出修改

（一）将办法中的"防汛抗洪指挥机构"修改为"防汛指挥机构"。

（二）将第六条第三款修改为："县级以上人民政府有关部门在本级人民政府的领导下，按照防洪责任制的分工，负责有关的防汛抗洪工作。"

（三）将第七条修改为："县级以上人民政府设立由有关部门、省军区或者军分区、人民武装部等负责人组成的防汛指挥机构，在上级防汛指挥机构和本级人民政府的领导下，指挥本行政区域的防汛抗洪工作，其办事机构根据工作需要由各级人民政府设立。在汛期，乡镇人民政府和企事业单位根据防汛抗洪工作的需要，可以设立临时防汛指挥机构。"

（四）将第十四条第三款修改为："禁止在水库库区内筑坝拦汊和在水库淹没线以下垦种土地。对水库下游泄洪河道内的障碍物，应当拆除，确保行洪畅通。"

（五）将第十八条中的"按照所在地防汛抗洪指挥机构制定，经本级人民政府和上一级防汛抗洪指挥机构批准的防御洪水方案执行"修改为"按照批准的防御洪水方案执行"。

（六）将第十九条第三款中的"防汛抗洪指挥机构"修改为"水行政主管部门"。

（七）将第二十五条第一款中的"计划、财政、民政、粮食、卫生、交通、公安、教育、农业、建设、商业、供销、电力、邮电、水利等"修改为"水行政、应急管理、发展改革、财政、民政、卫生健康、交通、公安、教育、农业农村、住房和城乡建设、商务、供销、电力、邮政等"。

（八）在第五章增加一条，作为第三十二条："违反本办法，法律、法规已有规定的，从其规定。"

（九）删去第三十二条、第三十三条。

（十）增加一条，作为第三十四条："违反本办法第二十一条规定，擅自发布水文情报预报或者汛情公告的，由县级以上水行政主管部门责令停止违法行为，对单位可以处 1 千元以上 5 千元以下的罚款，对个人可以处 100 元以上 500 元以下的罚款。"

三、对《湖北省水污染防治条例》作出修改

（一）将条例中的"环境保护主管部门"修改为"生态环境主管部门"，"农业主管部门"修改为"农业农村主管部门"，"卫生主管部门"修改为"卫生健康主管部门"，"国土资源主管部门"修改为"自然资源主管部门"，"交通主管部门"修改为"交通运输主管部门"。

（二）将第十一条第八项中的"旅游、安全生产监督"修改为"文化和旅游、应急管理"。

（三）将第十九条第二款中的"发展改革、规划、国土资源等"修改为"发展改革、自然资源等"。

（四）将第二十一条第二款中的"环境保护"修改为"生态环境"。

（五）将第三十一条、第三十二条、第三十四条第二款中的"环境保护、国土资源"修改为"生态环境、自然资源"。

（六）将第四十二条第一款中的"交通、环境保护、农（渔）业、旅游等"修改为"交通运输、生态环境、农业农村、文化和旅游等"。

（七）将第五十三条中的"环境保护、水行政、国土资源、卫生等"修改为"生态环境、水行政、自然资源、卫生健康等"。

（八）将第七十二条修改为："违反本条例规定，新建、改建、扩建直接或者间接向水体排放污染物的建设项目和其他水上设施，未依法进行环境影响评价，建设单位擅自开工建设的，由生态环境主管部门责令停止建设，根据违法情节和危害后果，处建设项目总投资额百分之一以上百分之五以下罚款，并可以责令恢复原状；对建设单位直接负责的主管人员和其他直接责任人员，依法给予处分。"

（九）将第七十六条第一款、第二款中的"农（渔）业主管部门"修改为"农业农村主管部门"。